宮崎正浩・籾井まり

生物多様性とCSR
―企業・市民・政府の協働を考える―

❋❋❋

理論と実際シリーズ
0006
環境政策・環境法

信 山 社

はじめに

◇**本書の背景**

　地球上には実に様々な種類の生物が存在している．これら多様な生物は互いに依存や競合をしつつ共存し，海，熱帯雨林，湿地や砂漠など，多種多様な生態系を形成している．

　生物多様性という言葉は，このように地球上に様々な生物種が存在し（種の多様性），一つの生物種でもその遺伝子は多様であり（遺伝子の多様性），このような生物が多様な生態系を形成している（生態系の多様性），という考え方を表している．

　そして，われわれ人間も一つの生物種として生物多様性の中に含まれ，他の生物種と共存し，生存する上でその恩恵にあずかっている．例えば，人間の生存にとって不可欠な清浄な水や大気，食料や木材資源，気候の調整など，生物の多様性が人間の生存のためにもたらしてくれる恩恵は計り知れない．また，生物がもつ多様な遺伝子は，新たな医薬品の研究開発，農産物の品種改良には不可欠である．さらに，人間の文化を育み，また，観光やレクリエーションなどの貴重な場を提供している．

　生物多様性は，このように人間に対して恩恵をもたらすだけでなく，人間への利益とは無関係に，それ自体に保護すべき価値があるという考え方もある．現在までに知られている生物は約170万種であり，自然界には数千万レベルの未知の生物が生息していると推測されている．

　しかし，世界的な経済開発や人口増加によって，さらに，地球温暖化や外来種の導入などの人為的な要因も加わり，生態系が減少し，劣化するとともに，多くの野生生物が絶滅の危機に直面している．生物多様性が特に豊かな熱帯地域の経済開発による生態系の破壊は，ここ数十年で加速的に深刻な問題となった．こうした生態系や野生生物の危機に対しては，早くは20世紀の初めごろから政府間の協力によって対処することを目的として，いくつかの国際条約が成立している．国連の地球環境サ

はじめに

ミット（リオデジャネイロ）が開催された1992年には，気候変動枠組条約とともに，生物多様性条約が成立．この生物多様性条約は1993年に発効し，締約国は協調して生物多様性の保全を目指してきたはずであった．

しかし，生物多様性の減少速度は低下するどころか，2005年に公表された国連ミレニアム生態系評価によると，絶滅速度は加速している．

人類が限られた地球の上で将来世代にわたって人間らしい生活を続けていくためには，これまでの自然生態系に対する人間の視点・関わり方を大きく変え，生物の多様性を効果的に保全するための仕組みを世界レベルで作っていく必要がある．

2010年10月には，生物多様性条約第10回締約国会議（COP10）が名古屋で開催される．この会議では，2020年や2050年までの長期の目標と戦略が議論され，決定される予定である．

国際条約の締結に見られるように，生物多様性保全のためには政府の役割は大きいが，企業の役割もまた大きい．企業活動は，その資源を生物多様性に依存しており，また，その活動は生物多様性へ直接・間接的に影響を与えている．すべての企業活動が，なんらかの形で生物多様性に関わっているといえる．また，多様な人材と組織をもつ企業は，新たなビジネスやイノベーションの担い手であり，生物多様性保全に自主的に貢献することが世界的に期待されている．

最近は，企業の社会的責任（Corporate Social Responsibility; CSR）として，生物多様性に取り組む企業が世界的に増えてきた．しかし，大多数の日本企業にとっては，生物多様性は馴染みがなく，その科学的な不確実さや，定量的な捉えがたさのために，保全への取組は容易なものではない．また，企業が単独で生物多様性の保全に取り組むことは，専門性の点，市場での競合という点などから困難な場合が多い．このため，企業は政府や市民・NGO/NPOと協働することが必要となる．

◇ **本書の目的**

本書の目的は，企業がCSRとして生物多様性に取り組むため，社会の構成員としての企業，市民，政府がどのように協働するとよいかを明らかにすることである．

はじめに

　企業が政府や市民社会と協働するためには，生物多様性活動を企業の経営戦略の中で位置づけて取り組むことが必要である．そのためには，企業を社会の一員として見た場合の客観的な評価基準が必要であることから，本書では市民社会の視点から見た評価基準を検討し，提案した．

　また，近年，生物多様性保全においては，保護区の設置，絶滅危惧種の捕獲等の禁止などの規制的手法だけでなく，保全が企業にとってビジネスとして成立可能となるような経済的手法が注目を浴びている．本書では，人間の開発行為が生物多様性へ与える影響（損失）を開発の前後で実質ゼロとする「ノーネットロス」を義務化し，その実現のために生物多様性の保全活動をクレジットとして認めて取引可能とする制度（いわゆる生物多様性のキャップ・アンド・トレード）の意義と課題について考察した．

　本書の読者は，以下に述べるように，企業，市民・NGO/NPO，政府の関係者を想定している．

　企業は，原材料などを生物多様性に依存し，または，生物多様性へ直接的・間接的に影響を与える活動を行っている．本書は，企業が生物多様性に関するリスクを軽減し，生物多様性を保全することで長期的な利益に結びつけるための戦略について示唆するよう試みている（第3章）．

　さらに，本書では，企業が生物多様性保全への取組みを進める上で不可欠な，客観的な指標と評価基準を提案している（第4章）．企業はこれを自社の取組みの自己評価に用いることができ，また，保全の目標設定において，有益な情報となるであろう．

　次に市民・NGO/NPOは企業にとって重要なステークホルダーであり，企業が生物多様性へ与える影響に深い関心を持っている．上記の評価基準は市民・NGO/NPOが企業の活動を評価する際に参考となるであろう．また，本書では生物多様性政策への市民参加の意義を説明し，より広い参加を実現するための提案を行っている．

　最後に，政府には，企業活動が生物多様性の保全と両立するよう企業活動を支援すると同時に管理するための適切な政策を講じる責任がある．本書は，生物多様性の損失を止める方法として，既に諸外国で導入され

はじめに

ているノーネットロス政策の現状と課題を明らかにしている．また，戦略的環境アセスメントの法制化も提案している．これらは，今後の重要な政策課題であることから，日本政府の政策決定者にぜひ読んでいただきたい．

◇本書の構成

次に，読者のために，本書の構成を簡単に説明する．

第1章では，生物多様性とは何か，生物多様性にはどのような価値があるのか（なぜ保全する必要があるのか），なぜ世界的にその多様性が急速に失われているのか，など，本書を理解する上で必要な基本的な概念を説明する．

第2章では，前章で説明した世界的な生物多様性の危機に対し，国際社会がどのように対応してきたかについて，1992年に成立した生物多様性条約を中心に説明する．また，2010年に日本で開催される第10回締約国会議では，2010年以降の目標を決定する予定であるが，この「ポスト2010」としてどのような目標を設定すべきかについても論じる．

第3章では，企業が，CSRとして生物多様性保全へ果たす役割と，その現状について，世界的な企業のCSRレポートなどを基に分析する．また，後段では，企業が自主的に生物多様性保全活動に取り組むことによって得ることができるチャンスと回避できるリスクについて述べ，それを踏まえたうえで，企業が企業利益との両立が可能な方法で生物多様性保全に戦略的に取組むために重要になる点について説明する．

第4章では，企業の生物多様性に関する活動を，企業にとって主要なステークホルダーの一つである市民社会の視点から評価する場合の基準について概説する．

第5章では，生物多様性保全のための市民の代表であるNGO/NPOの役割を，特に企業とのパートナーシップに焦点を当てて，著者が行った主要なNGO/NPOのインタビューの結果を基に考察する．

第6章では，政府の役割について，日本政府の生物多様性条約を実施するための政策の現状と問題点を述べる．

第7章では，自然を改変する開発プロジェクトが生物多様性へ与える

はじめに

影響をネットでゼロを目指す政策（ノーネットロス政策）の意義やその日本における導入の実現可能性を考察する．その中で，ノーネットロスを実現するために「生物多様性オフセット」を行う場合に留意しなければならない点や，市場メカニズムを活用する「生物多様性バンク」と呼ばれる新たなビジネスについても米国の事例などを基に解説する．

　第8章では，これまでの分析や考察を踏まえ，今後，国内外の生物多様性保全のために，日本の企業・市民・政府がどのように協働して取り組んでいけばよいかについて論じる．

　本書は，2010年10月に名古屋で生物多様性条約の第10回締約国会議が開催されることを契機として，これまでに発表した論文を大幅に加筆訂正し，まとめたものである．本書の出版が，日本企業のCSRとして生物多様性への取組を進めるとともに，日本の生物多様性保全政策を見直すための良い契機となることを強く期待する．

　なお，著者両名は，独立した研究者として本書の基礎となった研究を行ってきているほか，国際環境NGOであるFoE Japan 客員研究員として，その活動をサポートしている．しかし，本書は，研究者個人としての意見を述べたものであり，FoE Japanの公式見解ではないことを申し添える．

　2010年4月

宮崎正浩
籾井まり

目　次

はじめに
　参　考　文　献
　欧文略記一覧

第1章　生物多様性の現状と将来 ―― 1

　Ⅰ　生物多様性とは何か …… 1
　Ⅱ　生物多様性の価値 …… 3
　Ⅲ　世界の生物多様性の現状と将来 …… 5
　　　1　絶滅のおそれがある種（5）
　　　2　世界の生物多様性の現状と将来予測（6）
　Ⅳ　生物多様性と気候変動との関係 …… 8

第2章　生物多様性条約における保全への取組み ―― 11

　Ⅰ　生物多様性保全政策のこれまでの流れ …… 11
　Ⅱ　生物多様性条約 …… 13
　Ⅲ　2010年目標 …… 15
　　　1　2010年目標の概要（15）
　　　2　2010年目標の評価（16）
　　　3　2010年目標が達成されない理由（17）
　Ⅳ　ポスト2010年目標 …… 20

第3章　企業の役割と取組みの現状 ―― 27

　Ⅰ　企業の役割 …… 27
　Ⅱ　企業の行動に関する指針の現状と課題 …… 27
　　　1　国際的指針（27）
　　　2　国内の指針（40）
　Ⅲ　世界の企業の取り組みの現状 …… 46
　　　1　評価の視点（46）

目　次

　　　　　2　鉱　　業（48）
　　　　　3　石　　油（53）
　　　　　4　食　　品（57）
　　　　　5　自 動 車（59）
　　　　　6　電気・電子製品（61）
　　　　　7　小 売 業（63）
　　　　　8　銀　　行（66）
　　Ⅳ　日欧米企業の取組の比較 ………………………………… 69
　　　　　1　調 査 方 法（70）
　　　　　2　業種別の取組の比較（71）
　　　　　3　日米欧企業の比較（74）
　　　　　4　考　　察（75）
　　Ⅴ　企業の生物多様性戦略 …………………………………… 78
　　　　　1　企業にとってのリスク（78）
　　　　　2　企業にとってのチャンス（79）
　　　　　3　企業の生物多様性保全戦略（84）

第4章　企業の取組みの評価 ――――――――――――――― 87

　　Ⅰ　企業の取組みの評価基準 ………………………………… 87
　　　　　1　基本的概念（88）
　　　　　2　マネジメント評価基準（94）
　　　　　3　パフォーマンス評価基準（98）
　　Ⅱ　今後の課題 ……………………………………………… 102

第5章　市民・NGO/NPO の役割 ――――――――――――― 105

　　Ⅰ　NGO/NPO の社会における役割と企業との
　　　　パートナーシップ ……………………………………… 105
　　Ⅱ　企業と NGO/NPO のパートナーシップの意義………… 108
　　Ⅲ　市 民 参 加 ……………………………………………… 114

目　次

第6章　政府の役割 ── 119

- Ⅰ　生物多様性条約を実施するための法制度 …………… 119
- Ⅱ　生物多様性国家戦略2010 ……………………………… 121
- Ⅲ　国内の生物多様性の保全法 …………………………… 126
  - 1　生物多様性基本法（127）
  - 2　種の保存法（128）
  - 3　自然公園法（131）
  - 4　環境影響評価法（132）
- Ⅳ　海外の生物多様性保全への責務 ……………………… 134
  - 1　開発者としての責務（135）
  - 2　資源の購入者としての責務（136）

第7章　生物多様性ノーネットロス政策の課題 ── 141

- Ⅰ　ノーネットロス政策の意義 …………………………… 141
- Ⅱ　生物多様性オフセットの意義と評価 ………………… 143
  - 1　生物多様性オフセットのガイドライン（143）
  - 2　鉱業における生物多様性オフセットの適用とその課題（146）
  - 3　生物多様性オフセットの定量的評価方法（158）
- Ⅲ　海外におけるノーネットロス政策 …………………… 164
  - 1　概　要（164）
  - 2　米国の制度（166）
  - 3　EUの制度（170）
- Ⅳ　経済的手法としての意義 ……………………………… 173
  - 1　ミレニアム生態系評価（174）
  - 2　生態系と生物多様性の経済学（TEEB）（174）
- Ⅴ　生物多様性バンク ……………………………………… 177
  - 1　ミティゲーションバンク制度の概要（178）
  - 2　コンサベーションバンク制度の概要（182）
  - 3　生物多様性バンクの現状と課題（184）
  - 4　まとめ（187）

xi

目　次

　　　　Ⅵ　ノーネットロス政策の論点…………………………………… 188
　　　　Ⅶ　日本でのノーネットロス政策導入の課題 ……………… 193
　　　　　1　ノーネットロス政策導入の法的課題（195）
　　　　　2　日本での湿地のノーネットロス政策の導入の
　　　　　　　可能性（196）
　　　　　3　日本の状況に適応したノーネットロス政策の
　　　　　　　可能性（197）
　　　　　4　日本でのミティゲーションバンクの実現可能性（200）
　　　　　5　日本での導入の検討の手順（201）
　　　　　6　戦略的環境アセスメント（203）
　　　　　7　ま と め（203）

第8章　今後の生物多様性保全の課題 ── 205

　　　　Ⅰ　日本国内の生物多様性保全………………………………… 205
　　　　　1　国内自然保護制度の改善（205）
　　　　　2　企業の自主的取り組み（207）
　　　　　3　市 民 参 加（208）
　　　　Ⅱ　海外における生物多様性保全 ……………………………… 209
　　　　　1　開発者としての貢献（209）
　　　　　2　資源の購入者としての貢献（210）

お わ り に（213）

　謝　辞（巻末）
　初 出 一 覧（巻末）

参 考 文 献
（太字は引用略語）

◆ 日本語文献，Web アドレス

1. 浅野直人（2009），「環境影響評価（環境アセスメント）と SEA（戦略的環境アセスメント）」浅野直人監修・環境影響評価制度研究会編『戦略的環境アセスメントのすべて』（ぎょうせい）pp. 2–9．
2. 足立直樹（2006），「CSR の視点から見た企業と生物多様性――国連ミレニアム生態系評価の成果を中心に考える」サステナブルマネジメント第6巻第1号，pp. 29-43．
3. ウィルソン，エドワード・O，大貫昌子・牧野俊一（訳）（1995），『生命の多様性』上・下，（岩波書店）
4. **FoE Japan**（2009），「平成20年度環境省請負調査 企業の生物多様性に関する活動の評価基準作成に関するフィージビリティー調査 調査報告書」，国際環境 NGO FoE Japan
Web: http://www.foejapan.org/forest/biodiversity/090408.html
5. **FoE Japan・JATAN**（2009），「吸収源・REDD 等の森林に関するルール作りについて森林 NGO の視点」
Web: http://www.foejapan.org/forest/pdf/090611_redd.pdf
6. 大塚直（2006），『環境法〈第2版〉』（有斐閣）
7. **環境経営学会**（2009），「サステイナブル経営格付／診断の狙いと特徴――2007年度の結果及び2008年度の狙いと特徴」環境経営学会
8. **環境経営学会**（2006），「サステナブル経営格付けの狙いと特徴――2005年度サステナブル経営格付けの総括」環境経営学会．環境省（2009）第4次国別報告書案，環境省
9. 鬼頭秀一（2007），「地域社会の暮らしから生物多様性をはかる――人文社会学的生物多様性モニタリングの可能性」，鷲谷いずみ・鬼頭秀一編『自然再生のための生物多様性モニタリング』（東京大学出版会）
10. Global Reporting Initiative（2006），『**GRI** サステナビリティ レポーティング ガイドライン第3版和訳暫定版』，GRI 日本フォーラム
11. 桑原勇進（2005），「自然侵害に関する法原則――ドイツ自然保護法の考え方」，東海法学第33号

参考文献

12. 国際連合 Millennium Ecosystem Assessment（MA）(2005),「Ecosystem and Human Well-being, Synthesis 和訳」横浜国立大学21世紀COE 翻訳委員会（責任翻訳）『国連ミレニアム　エコシステム評価――生態系サービスと人類の将来』(オーム社)
13. 国際連合 (2007),「先住民族の権利に関する国際連合宣言」
14. CCBA (2008),『気候・地域社会・生物多様性プロジェクト設計スタンダード第2版（日本語版）』
15. 日本総研 (2008),「生態系と生物多様性の経済学（The Economics of Ecosystems & Biodiversity：TEEB）中間報告」
Web: http://www.ecosys.or.jp/eco-japan/teeb/teeb_page.html
16. 生物多様性条約事務局 (2006),『世界規模生物多様性概況第2版 (Global Biodiversity Outlook 2：GBO 2)』(UNEP)
17. 石油天然ガス・金属鉱物資源機構 (2005),「鉱業の持続可能な開発に関する世界動向と主要な取り組み」独立行政法人石油天然ガス・金属鉱物資源機構.
18. 石油天然ガス・金属鉱物資源機構 (2007),「資源メジャーの動向　2006――非鉄金属部門」独立行政法人石油天然ガス・金属鉱物資源機構.
19. 谷本寛治編著 (2003),『SRI 社会的責任投資入門――市場が企業に迫る新たな規律』(日本経済新聞社)
20. 谷本寛治編著 (2004),『CSR 経営――企業の社会的責任とステイクホルダー』(中央経済社)
21. 谷本寛治 (2006),『CSR　企業と社会を考える』(NTT 出版)
22. 田中章 (2002),「米国のハビタット評価手続き HEP 誕生の法的背景」環境情報科学, Vo.31, No.1, pp.37〜42
23. 田中章 (2006),『HEP 入門〈ハビタット評価手続き〉マニュアル』(朝倉書店)
24. 田中章, 大澤啓志, 吉沢麻衣子 (2008),「環境アセスメントにおける日本初の HEP 適用事例」ランドスケープ研究71(5), pp.543-548
25. 田中章・大田黒信介 (2008),「諸外国における自然立地のノーネットロス政策の現状」環境アセスメント学会2008年度研究発表会要旨集, pp.47-51.
26. 地球・人間環境フォーラム (2008),「平成19年度第3次生物多様性国家戦略実施に向けた民間参画等推進調査報告書」
27. 日本自然保護協会編 (2003),『生態学からみた野生生物の保護と法律』

（講談社サイエンティフィック）
28. **日本生態系協会**（2009），「ハビタット評価認証制度：考え方と基準（JHEP認証ガイドライン）ver.1.0.」日本生態系協会
29. **日本生態系協会監修**（2004），『環境アセスメントはヘップ（HEP）でいきる――その考え方と具体例』（ぎょうせい）
30. **日本政府**（2010），「生物多様性国家戦略2010」
31. **ビジネスと生物多様性イニシアティブ（B & B）**（2008），「リーダーシップ宣言――国連生物多様性条約実施に向けて」（環境省仮訳）
32. **藤井敏彦・海野みずえ編著**（2006），『グローバルCSR調達　サプライチェーンマネジメントと企業の社会的責任』（日科技連出版社）
33. **ボーゲル**（2007），『企業の社会的責任(CSR)の徹底研究』（小松他訳）（一灯社）
34. **樋口広芳編**（1996），『保全生物学』（東京大学出版会）
35. **森本幸裕**（2000），「日本におけるミティゲーションバンキングのフィジビリティ」日緑工誌25(4), pp.619-622.
36. **森本幸裕・亀山章編**（2001），『ミティゲーション――自然環境の保全・復元技術』（ソフトサイエンス社）
37. **畠山武道**（1992），『アメリカの環境保護法』（北海道大学図書刊行会）
38. **畠山武道**（2009），「生物多様性保護と法理論――課題と展望」環境法政策学会編『生物多様性の保護：環境法と施策の回廊を探る』（商事法務）pp.1-18.
39. **プリマック，小堀洋美(訳)**（1997），『保全生物学のすすめ』（文一総合出版）
40. **山口光恒**（2006），「環境マネジメント――地球環境問題への対処」（財団法人放送大学教育振興会）
41. **ランサム，デイビッド，市橋秀夫(訳)**（2004），『フェアトレードとは何か』（青土社）

◆ **欧文文献，Webアドレス**

42. **Balmford, *et al.*** (2002), Economic Reasons for Conserving Wild Nature, *Science* 297, pp.950–953.
43. **Bartoldus, C.C.** (1999), A Comprehensive Review of wetland Assessment Procedures: A Guide for Wetland Practitioners. Environmental Concern Inc., St. Michaels, MD.

参 考 文 献

44. Business and Biodiversity Offsets Programme (**BBOP**) (2008), Biodiversity Offsets and Business and Biodiversity Offsets Programme (BBOP) – A draft consultation paper for discussion and comment, UNEP/CBD/9/Inf/29.
45. **Carroll**, N., Fox, J. and Bayon, R. (2008), Conservation & Biodiversity Banking; A Guide to Setting Up and Running Biodiversity Credit Trading Systems, Earthscan, London and Sterling, VA.
46. **Carter**, J.G. and McCallie, G. (1996), An Environmentalist's Perspective - Time for a Reality Check, in Marsh, L.L., Porter, D.R. and Salvesen, D.A. (ed) Mitigation Banking, Island Press, Washington D.C.
47. **CBD** (2009), Revision and updating of the strategic plan: synthesis/analysis of views, Note by Executive Secretary, UNEP/CBD/SP/PREP/1
48. Department of Defense (**DOD**) and Environmental Protection Agency (EPA) (2008), Compensatory Mitigation for Losses of Aquatic Resources, Federal Register/Vol.73, No.70/Thursday, April 10, 2008/Rules and Regulations.
49. Environmental Law Institute (**ELI**) (2008), Design of U.S. Habitat Banking Systems to Support the Conservation of Wildlife Habitat and At-risk Species,
50. **Federal Register** (**1995**), Federal Guidance for the Establishment, Use and Operation of Mitigation Banks. 60 Fed. Reg. 228, 58605-58614, 1995
51. **Federal Register** (**2008**), Compensatory Mitigation for Losses of Aquatic Resources, Federal Register/Vol.73, No.70/Thursday, April 10, 2008/ Rules and Regulations, Department of the Army and Environmental Protection Agency.
52. Fish and Wildlife Service (**FWS**) (2003), Guidance for the Establishment, Use and Operation of Conservation Banks, Fish and Wildlife Service, United States Department of the Interior, Washington D.C.
53. International Council on Mining and Metals (**ICMM**) (**2005**), A Briefing Paper for the Mining Industry.
Web: http://www.icmm.com/document/25
54. International Council on Mining and Metals (**ICMM**) (**2006**), Good Practice Guidance for Mining and Biodiversity.
Web: http://www.icmm.com/document/13

55. International Finance Corporattion (**IFC**) (2006), IFC Performance Standards on Social & Environmental Sustainability
56. International Union for Conservation of Nature (**IUCN**) (2009), 2010 is almost here- now what? Consultation: Options for an new vision for Biodiversity
57. **Japan** (2009), Fourth National Report to the United Nations Convention on Biological Diversity.
58. **Ten Kate**, K., Bishop, J. and Bayon, R. (2004), Biodiversity offsets: Views, experiences, and business case, IUCN and Insight investment.
59. **Marsh**, L. L., Porter, D. R. and Salvesen, D. A. (ed), (1996), Mitigation Banking, Island Press, Washington D. C.
60. National Mitigation Banking Association (**NMBA**) (2009), Proceedings of 12th National Mitigation & Ecosystem Banking Conference, 5-8 May 2009, Salt Lake City, Utah, USA
61. National Research Council (**NRC**) (2001), Compensating for Wetland Losses Under the Clean Water Act, National Academy Press, Washington D. C.
62. **Parkes**, D., Newell, G., and Cheal, D. (2003), Assessing the quality of native vegetation: The 'habitat hectares' approach, Ecological management & Restoration Vol. 4 Supplement February 2003.
63. United States Department of the Interior, Fish and Wildlife Service (**USFWS**) (2003), Guidance for the Establishment, Use, and Operation of Conservation Banks, USFWS.

欧文略記一覧

B&B	Business and Biodiversity	ビジネスと生物多様性イニシアティブ
BBOP	Business and Biodiversity Offsets Programme	ビジネスと生物多様性オフセットプログラム
CBD	Convention on Biological Diversity	生物多様性条約
CI	Consevation International	コンサベーション・インターナショナル
CCBA	Climate, Community and Biodiversity Alliance	気候・コミュニティ・生物多様性連合
COP	Conference of the Parties	締約国会議
CSR	Corporate Social Responsibility	企業の社会的責任
EP	Equator Principles	赤道原則
FoE	Friends of the Earth	地球の友（国際環境NGO）
FSC	Forest Stewardship Council	森林管理協議会
FWS	Fish and Wildlife Service	米国内務省魚類野生生物局
GC	Global Compact	国連グローバルコンパクト
GBO	Global Biodiversity Outlook	地球規模生物多様性概況
GEF	Global Environmental Facility	地球環境ファシリティ
GRI	Global Reporting Initiative	グローバル・レポーティング・イニシアティブ
HEP	Habitat Evaluation Procedure	ハビタット評価手続き
ICMM	International Council on Mining and Metals	国際金属・鉱業評議会
IFC	International Finance Corporation	国際金融公社
IUCN	International Union for Conservation of Nature and Natural Resources	国際自然保護連合
MSC	Marine Stewardship Council	海洋管理協議会
NEPA	National Environmental Policy Act	国家環境政策法（米国）
NGO	Non-Governmental Organizations	非政府組織
NPI	Net positive impact	ネットでの正の影響

欧文略記一覧

NPO	Non-Profit Organizations　非営利組織
OECD	Organisation for Economic Co-operation and Development　経済協力開発機構
REDD	Reducing Emissions from Deforestation and Forest Degradation in developing countries　開発途上国における森林減少・劣化からの排出削減
RSPO	Roundtable on Sustainable Palm Oil　持続可能なパーム油のための円卓会議
UNESCO	United Nations Educational, Scientific and Cultural Organization　国際連合教育科学文化機関
WWF	World Wide Fund For Nature　世界自然保護基金

生物多様性とCSR

第 1 章　生物多様性の現状と将来

本章では，本書を理解する上で必要な基本的な概念を説明する．生物多様性とは何か，生物多様性にはどのような価値があるのか（なぜ保全する必要があるのか），なぜ世界的に生物多様性が失われているのか，将来はどうなることが予測されているのか，などについて説明する．また，気候変動との関連性についても説明する．

I　生物多様性とは何か

地球上に生物が誕生したのは約40億年前と言われている．その後，非常に長い期間を経て，生物は進化し，現在のような多様な生物が生息する自然環境を形成した．

生物多様性とは，種々さまざまな生物が存在していることである（樋口）．1992年に成立した「生物多様性条約」では，生物多様性は，「すべての生物（陸上生態系，海洋その他の水界生態系，これらが複合した生態系その他生息又は生育の場のいかんを問わない．）の間の変異性をいうものとし，種内の多様性，種間の多様性及び生態系の多様性を含む」（第2条）と定義されている．

このように，生物多様性は，①種，②遺伝子，③生態系の3つのレベルで捉えることができる．

〈種の多様性〉

「種」は，生物の多様性を考えるときに，基本となる単位である[1]．現在，

（1）　生物学的種概念によると，種とはその構成員が自然条件の下で自由に交配できるような集団である（ウィルソン）．

第1章　生物多様性の現状と将来

　地球上で約170万種の生物が確認されているが，未発見の生物種を含めるとその数は数千万種と推測されている．生物多様性の保全において重要となる点は，この多種多様な生物種が，お互い密接に関連して生態系を形成しており，一般的には，種の多様性が高いほど生態系は様々な変化に対応でき，バランスを維持することができるということである．多様な生物がお互いにバランスを維持しながら共存している場合，生態系のある一つの種が絶滅すると，それに依存する他の種も連鎖的に影響を受け，生態系が大きく変化する可能性がある．例えば，オオカミが絶滅するとシカが増え，そのシカが樹木の若芽を食べて森林を荒廃させることが起きる．

〈遺伝子の多様性〉

　「遺伝子」の多様性とは，同じ種であっても，個体毎に持っている遺伝子は多種多様であるということである．すなわち，種内の多様性であり，これはDNAの塩基配列の違いを意味する．一つの種が存続し，進化を続けていくためには，種の中での遺伝的多様性が必要不可欠である．すなわち，同じ種であっても，異なる地域の個体群は特有の遺伝子を持っているため，地域個体群[2]の保護が必要である．

　また，多様な遺伝資源の存在は，人間の生活にとっても非常に重要である．例えば，遺伝資源の中には人間の様々な難病を治療する効果をもつものがある可能性があり，現にこれまでも多種の有用な医薬品が自然の遺伝資源を基に開発されてきた．また，人間の食料となっている大部分の植物は長い歴史の中で品種改良されたわずか20種以下のものが，世界で大量に農業生産されている．しかし，様々な病気などへの対応のため不断の品種改良が必要であり，そのためには，自然界に存在する極めて多様な野生の植物遺伝資源が必要不可欠である．

〈生態系の多様性〉

　生態系とは，ある地域に生息・生育する生物とそれをとりまく水・空気・土などのまとまりである．生物はその生存に適した「生態系」の中でのみ生存可能である．このため，多様な生物を守るためには，森林，湿地，海洋生態系など各種の生態系を守ることが必要となる．すなわち，多様な生態系を改変して，例えば単一品種を植える農地とすることの生態系へ与える影響は

（2）個体群とは，ある空間を占め，交配によって子孫を残すことができる同種個体の集まりである（プリマック）．

大きい．また，生態系を分断する道路などの人工物も野生生物の生息地や移動域を大きく狭め，絶滅のリスクを高める．このため，種の絶滅を防ぐためには，生態系の減少や劣化を止めなければならないことになる．

以上のように，複雑な仕組みを持つ生物多様性であるが，当然ながら人間もその一部であり，他の生物種と共存している存在である．しかし，現在では，相当な割合の人口が都市で生活し，自然と隔離された生活を送っているため，多くの人々にとって都市生活と自然の生物多様性との関連に気がつくことは難しくなっている．しかし，我々の生活は，食料や水ひとつをとってみても，生物多様性の恩恵なしには成り立たないのである．こうした基本的な価値の他，自然には，人間にとって審美的・精神的な価値もある．こうした生物多様性がもたらす多様な価値について，次節で更に説明する．

II 生物多様性の価値

太古の昔から，人間は自然の一部としてその恩恵にあずかり，自然とともに生きてきた．万葉集の時代から，自然との関わりに根ざした文化を持つ私たち日本人にとって，自然は人智を超えたものであり，身近でありつつも畏敬すべき存在であった．また，世界の他の地域でも同じように自然との関わりに根ざす伝統文化が多く存在している．現在経済的発展を遂げた人間社会の直面する様々な環境問題は，本来の自然の価値を十分に認識し責任ある行動を取ってこなかったことに起因していると言えるであろう．したがって私たちはもう一度自然の価値を再認識し，自然保護のあり方を根本的に考え直す必要がある．

まず，前述のように現在の私たちの生活は，生物多様性のもたらすさまざまな恩恵を受けることによって成り立っていることがわかる．

具体的には，次のような恩恵である[3]．

---

(3) 国連ミレニアム生態系評価（MA）では，生物多様性が人類にもたらす恩恵を「生態系サービス」ととらえ，その人間社会との関係を詳しく説明している．

- 供給：食料，水，木材，繊維，遺伝資源などの資源の供給
- 調整：気候や洪水の調整，廃棄物処理（微生物などによる分解），水質浄化など
- 文化：レクリエーション，審美的・精神的な恩恵など
- 生態系の基盤：栄養塩の循環，土壌形成，光合成など

生物多様性の保全を進めることで，以下のような人間の生活上の便益が向上する．
- 生活のための基本的物資（食料，住居，衣料などの材料）を得る
- 健康（自然に接することで快適な気分となることや，清浄な水や空気が得られる）
- 良好な社会関係（地域の生物多様性に深く関連する文化や社会活動を通じて人々が良好な社会を形成する）
- 安全（洪水などの災害が減る）
- 教育（大人も子どもも，より豊かな自然に触れることで精神的に成長できる）
- 科学技術（生物遺伝資源を用いた医薬品の開発，農作物の品種改良など）
- 選択と行動の自由（上記の条件がより改善されることで，より安全で良好な社会が形成されることや，教育などを通じ，人々が個人の価値観で自由に行動できる）
- 生物多様性には，倫理的，歴史的，文化的，宗教的価値などの多面的な価値があるとの主張もある．

以上のことから，生物多様性は人類の存続はもちろん，経済活動や社会活動・文化活動の基盤であるといえる．

また，生物多様性は，上記のような人間の視点からの価値に関わらず，その存在自体に価値があるとする考えもある．この考え方に基づくと，人間にとって価値があるか否かにかかわらず，すべての種は保全しなければならないとされる．

III 世界の生物多様性の現状と将来

1 絶滅のおそれがある種

　国際自然保護連合（IUCN）は，毎年，世界の絶滅危惧種のリスト（レッドリスト）を公表している．レッドリストに掲載された絶滅のおそれがある種[4]の数は，年々増加し，2009年版のリストでは，17,291種となり，評価対象となった種の36％を占めている（表1-1参照）．

表1-1：IUCNレッドリスト（2009年）

	既知の種（記載された種）の数	2009年までに評価された種の数	絶滅のおそれがある種の数（2009年）	既知の種に対する割合（2009年，％）	評価された種に対する割合（2009年，％）
脊椎動物					
哺乳類	5,490	5,490	1,142	21%	21%
鳥類	9,998	9,998	1,223	12%	12%
爬虫類	9,084	1,677	469	5%	28%
両生類	6,433	6,285	1,895	29%	30%
魚類	31,300	4,443	1,414	5%	32%
小　計	62,305	27,893	6,143	10%	22%
無脊椎動物	1,305,250	7,615	2,639	0%	35%
植　物	321,212	12,151	8,500	3%	70%
その他	—	18	9	0%	50%
合　計	1,740,330	47,677	17,291	1%	36%

（出所）IUCN

（4）「絶滅のおそれがある種」というのは，IUCNのレッドリストのカテゴリーのCritically Endangered（CR；絶滅危惧IA類），Endangered（EN；絶滅危惧IB類）又はVulnerable（VU；絶滅危惧II類）に分類されたものをいう．

第1章　生物多様性の現状と将来

写真：2008年10月，スペインのバルセロナで開催されたIUCN総会の会場外でのIUCNの展示ブース（撮影者：宮崎）

また，日本では，環境省が公表するレッドリストにおいても，絶滅のおそれがある種の数は増加しており，最新のデータでは，3,155種となっている（平成21年度版環境・循環型社会・生物多様性白書）．

2　世界の生物多様性の現状と将来予測

2005年に発表された国連の報告書「ミレニアム生態系評価」は，2000年の国連総会におけるコフィ・アナン事務総長の演説に応える形で実施されたもので，世界の2000人を超える人々が著作に参加することで完成した．

この報告書では，生態系が人間にもたらす恩恵を「生態系サービス」と定義して，それが世界的にどのように変化しているかを評価した．その結果，生態系サービスのほとんどが劣化を示していることが明らかとなった[5]．

また，本報告書によると，過去50年間，人類は歴史上かつてない速さで大規模に生態系を改変し，地球上の生物多様性に大きな喪失をもたらした．現代の種の絶滅速度は，過去の化石記録に基づく平均的な絶滅率に比べて100倍～1000倍高くなっており，将来はさらに10倍以上加速す

---

[5] 評価された24の生態系サービスのうち，15（約60％）が劣化しているか，非持続的に利用されていることが明らかとなった．なお，この24のうちで向上したものは，穀物，家畜，水産養殖，気候の調整（20世紀の半ば以降はグローバルには正味の炭素固定源となった）の4つのみであった．

ると予測している．

　2008年に中間報告書が公表された「生態系と生物多様性の経済学；The Economics of Ecosystems & Biodiversity（TEEB）」は，生態系と生物多様性の減少が今後も続くと，人々の経済や生活にどのような影響があるのかという問題に対し，経済学の視点から分析し，解決策を提示することを目的に結成された共同研究プロジェクトである．

　この中間報告によると，過去において地球上の生物多様性は劇的に減少した．例えば，地球上の森林については過去300年間で約40％減少し，湿地は1900年以降約40％が失われたという結果がでている．

　また，この中間報告では，もし現在のような政策が継続し，適切な対策が講じられなかった場合に，今後どのような影響が生じるかという予測を以下のように示した．

・2050年までには，2000年に存在していた自然地域の11％が失われる．これは，主に，自然地域の農地への転換，インフラ設備の拡大，気候変動の影響による．
・現在，粗放農業が行われている土地の約40％が2050年までに集約農業に転換すると予測されている．粗放農業は，生態系への影響が少なく，生物多様性の保全にとって重要な役割を果たしているが，これが集約農業に転換されることにより，生物多様性の損失と環境破壊が生じる．
・サンゴ礁の60％が2030年までに失われる．これは，漁業，汚染，病気感染，侵略的外来種，気候変動による白化などによる．この結果，魚類などの繁殖地が失われ，また，観光資源が失われることになる．
・現在の漁獲レベルが継続するようであれば，今世紀後半までに，世界の漁場のほとんどにおいて地球規模の崩壊が起きる可能性がある．

　また，世界的に失われている生態系の経済価値を試算したある既存研究によると，陸上の生態系だけで，毎年約50億ユーロ（約6500億円[6]）に相当する．ただし，これは，生態系によって人類が受け取る便益の損失であって，GDPの損失ではない．このような損失が続くことによっ

---

[6] 本書執筆時（2009年12月22日）の交換レート1ユーロ130.8円で換算．

て，累積する便益の損失は，2050年までに，（控えめの推計でも）年間の世界の消費支出の7％に相当するという（TEEB）．

IV 生物多様性と気候変動との関係

　生物多様性はまた，気候変動と深い相互関係にある．

　気候変動政府間パネル（IPCC）の第4次レポート（2007）によると，世界平均気温の上昇が1.5～2.5℃を越えた場合，これまで評価された植物及び動物種の約20～30％は，絶滅するリスクが増す可能性が高く，4℃以上の上昇があった場合は地球規模での重大な（40％以上の種の）絶滅につながると予測されている．

　気候変動が生物の多様性に影響を与える一方で，生物多様性の損失もまた，地球温暖化へ影響を与えている．下記に述べるように近年注目されている森林保全であるが，温室効果ガスの大気中濃度の増加の約20％は森林の減少が原因であるとされている．特に熱帯林の減少は顕著であり，年間12.5百万ヘクタール（日本の国土の約3分の1）が減少し，世界的に懸念されている．熱帯林は生物多様性が豊かな生態系であり，地球上の生物種の半分以上が生息していると推測されている．

　TEEBが2009年9月に公表した「最新の気候問題」（Climate Issues Update）と題するレポートによると，熱帯林は陸上の自然生態系が貯蔵する炭素のうち約4分の1を占めており，毎年4.8GtのCO_2を吸収している．これは，人間が排出するCO_2の年間排出量の15％，大気中に毎年増加するCO_2の32％に相当する量である．すなわち，熱帯林の減少を防ぐことは非常に効果的な気候変動対策であると言える．

　このような事情を背景として，気候変動枠組条約の中で2013年以降の枠組みとして議論されているのが，開発途上国における森林減少・劣化からの排出削減（Reducing Emissions from Deforestation and Forest Degradation in developing countries：REDD）という新たな枠組みである．この制度は途上国政府や企業からも，生物多様性の破壊と地球温暖化という二大環境問題の解決と企業利益の両立の糸口として多くの注目が集まっている．

Ⅳ　生物多様性と気候変動との関係

　2009年12月にコペンハーゲンにて開催された気候変動枠組条約第15回締約国会議（COP15）では，開発途上国の能力構築，森林の測定方法や監視手法，政策，インセンティブなどについて締約国や事務局などが今後さらに検討すべき課題を決定した．

　上記のように多くの課題を抱える REDD に関しては，国内外の市民団体からの懸念の声も多く，議論が続いている（FoE・JATAN）．REDD に限らず気候変動対策として用いられる各種の手段は，生物多様性へ悪影響を与える場合がある．例えば，熱帯林を伐採して改変した土地で栽培される原料を用いて生産されるバイオ燃料などである．これは，生物多様性が豊かな熱帯林の破壊につながるだけでなく，炭素の吸収源であった熱帯林から大気に CO_2 やメタンが放出されることとなり，温暖化対策としても逆効果となる可能性が指摘されている．最近は，森林減少を単に造林などで埋め合わせることを防ぐために，天然林保全や持続可能な森林管理などの要素を加えた「REDD プラス」という言葉が使われるようになっている．特に企業の間では気候変動対策のみに注目が集まる傾向があるが，このように生物多様性保全と気候変動は相互に関係していることから，その対策は両者の視点から検討しなければならない．

第2章 生物多様性条約における保全への取組み

　本章では，前章で説明した世界的な生物多様性の危機に対し，世界がどのように対応してきたかについて，1992年に成立した生物多様性条約（CBD）を中心に説明する．生物多様性条約の第6回締約国会議（2002年）は「2010年までに生物多様性の現状の損失速度を顕著に低下させる」という目標を設定したが，現在，その目標は達成できない見込みである．2010年に日本で開催される第10回締約国会議では，この経験を踏まえて，2010年以降の目標（ポスト2010年目標）を決定する予定である．本章では，生物多様性条約における保全へのこれまでの取り組みを概説するとともにポスト2010年目標としてはどのような目標を設定すべきか，さらにその目標達成の進捗を評価する際にどのような指標があるのか，についても論じる．

I 生物多様性保全政策のこれまでの流れ

　人類はその長い歴史の中で，規模は様々であるが森林を伐採し，また，野生動物を乱獲してきた．特に産業革命後，生物資源の搾取と環境破壊が加速した19世紀頃には残っている森林など自然を保護する運動，狩猟動物を保護するための狩猟規制や，動物福祉の視点から野生動物の過剰利用の禁止を求める運動が欧米で盛んになった．この中で，米国は1872年世界で最初の国立公園であるイエローストーン国立公園を設立し，これに続いて，世界各国で自然公園が設立された．日本においては，1931年に国立公園法が制定され，1934年には瀬戸内海，雲仙，霧島が日本最初の国立公園に指定された（現在では29箇所）．
　しかし，これらの国立公園の目的は，自然の景観の保護と観光などの

目的のための利用促進という一見相対立するものであったため，自然保護対策は十分ではなかった．このため，人の手が入っていない原生的な自然をそのまま保存するために，米国では原生自然法が1964年に成立した．また，日本では自然環境保全法が1972年に成立している．

世界的には，1970年代以降の乱開発により熱帯林の急速な減少が進み，深刻な問題となってきたため，1992年の国連地球サミットの際に世界森林条約制定の動きもあったが，開発途上国の木材生産国から反対があり，結果的には，法的拘束力のない「森林原則声明」が成立したのみであり，森林保全の条約は未だに存在していない．

一方，希少な野生生物の保護についても，絶滅のおそれがある種の指定とその指定種の保護を担保する法制度が世界各国で制定された．例えば，米国では，現在も効力を持つ，違法に捕獲した野生動物の取引を禁止する「レイシー法」が1900年に成立した．また，米国の国鳥であるハクトウワシを保護する法律が1940年に制定された．さらに1973年には，「絶滅の危機にある種の保存法」（絶滅危惧種法）が制定された[7]．

日本においては，「鳥獣の保護及び狩猟の適正化に関する法律」（鳥獣保護法；2002年）[8]や，文化財保護法（1950年）などで野生生物の保護が図られてきた．また，後述のワシントン条約の批准後，そのための国内法が1987年に制定された．これは1992年には，国内の絶滅危惧種の保護も実施する包括的な法律「絶滅のおそれのある野生動植物の種の保存に関する法律」（種の保存法）となった．

欧米で個々の国が野生生物保全の法律を発展させてくるのに従い，国際社会のレベルでは，多くの自然保護条約が1960年代，70年代にかけて誕生している．特に渡り鳥など国境を越えて移動する生物の保護のため

---

[7] 米国では，1966年と1969年に絶滅の危機にある種を保存することを目的とした法律が制定されたが，十分な効果が得られるような内容ではなかったため，1973年に新法が提案され可決された．この新法は，一定の種の生物の保存が人間活動に無条件で優先し，そのために人間の活動に制限が加えられるべきことを初めて認めたものであり，従来の人間中心の自然観や権利の観念を根本的に修正したものといえる（畠山，1992）．

[8] 1895年に狩猟法が制定され，その後改正を重ね，2002年に現在の法律名となった．

の二国間協定が多く締結されている．その後，「ビッグ・スリー」と呼ばれる三大条約が1970年代の初頭に誕生している．「特に水鳥の生息地として国際的に重要な湿地に関する条約」（ラムサール条約）が1971年に，「世界の文化遺産及び自然遺産の保護に関する条約」（世界遺産条約）が1972年に，「絶滅のおそれのある野生動植物の国際取引に関する条約」（ワシントン条約）が1973年に成立している．さらに，1979年には「移動性野生動植物種の保全に関する条約」（ボン条約）が成立した．

しかし，上記のような個別の条約での対応では相互に複雑に関連している生物の多様性の保全は十分でなく，生物多様性として包括的に対処するための国際条約が必要であるとの認識のもと，1992年に生物多様性条約が成立したのである．

II 生物多様性条約

生物多様性条約の目的は，①生物多様性の保全，②生物多様性の構成要素の持続可能な利用，③遺伝資源の利用から生じる利益の公正（fair）かつ公平（equitable）な配分である（1条）．

この第3番目の目的は，これまでの野生生物保護に関する条約には含まれなかったものである．これは，生物多様性が豊かな開発途上国で得られる生物遺伝資源を用いて，先進国企業が医薬品などの商品を開発した場合には，その利益をその遺伝資源の原産国と公正かつ公平に配分することを定めてものである．

なお，生物多様性条約の邦訳（外務省訳）では，equitable[9]は「衡平」という訳語を当てている．しかし，一般には「衡平」が使用されることが稀で，一般市民には理解しがたいため，本書では，「公平」を用いることとした[10]．

---

(9) 「equitable」は，「公平」とも訳されている（小学館ランダムハウス英和大辞典）．

(10) 筆者（宮崎）が外務省地球環境課に確認したところ，生物多様性条約の条文を引用する場合には「衡平」ということばを使うべきだが，報告書などで条文の内容を引用する場合には，「公平」ということばを使うことは差し支えないとの

第2章 生物多様性条約における保全への取組み

写真：2008年5月にドイツのボンで開催されたCOP9の全体会合の様子
（撮影者：宮崎）

条約では，これらの目的を達成するために，締約国が講ずべき主なこととして下記を規定している．

- 国家戦略を作成するとともに，関連する政策に生物多様性を組み込む（6条）
- 保護すべき生物多様性（脅威にさらされている種など）を特定し，監視する（7条）
- 生物多様性へ悪影響を及ぼす活動を特定し，監視する（7条）
- 生息域内保全（保護区の設定，重要な生物資源についての規制，生息地の保護及び存続可能な種の個体群の維持，劣化した生態系の修復や種の回復，遺伝子改変生物の規制，外来種の規制，先住民族の伝統的な知識・工夫・慣行の維持とその利用による利益の配分）（8条）
- 生息域外保全（9条）（生息域内での保全が好ましいが，それが困難な場合には動物園，植物園，種子バンクなどでの保存が推奨されている．）
- 生物多様性の構成要素の持続可能な利用（生物多様性へ悪影響を回避又は最小化するための生物資源の利用に関連する措置をとることなど）（10条）
- 影響の評価と悪影響の最小化（事業計画案に対し環境影響評価を導入すること，計画，政策が環境へ与える影響について十分な考慮を払う

ことであった．このため，本書では，通常使われる「公平」を用いたほうがよいと判断した．

- ことなど）（14条）
- 遺伝資源の取得の機会（利益の公正かつ公平な配分のための措置をとること）（15条）
- 開発途上国に対する技術の移転・資金上の支援（16条，18条，20条）

III 2010年目標

1 2010年目標の概要

2002年に開催された生物多様性条約第6回締約国会議では，生物多様性条約の目的を達成するため，2010年を目標年次とする戦略計画を策定した（決議VI/26）．この戦略計画の目的は，条約の目的である生物多様性の保全・持続可能な利用・利益配分を通じて，生物多様性の有益な利用を継続することを確保するため，「生物多様性の損失を効果的に止める」ことである（同）．

この戦略計画では，生物多様性は持続可能な発展のための生活の基礎であること，生物多様性の損失が加速化していること，生物多様性への脅威に対処しなければならないことなどから，下記の目標（mission）を採択した．

「締約国は，貧困撲滅と地球上の全ての生命のための貢献として，2010年までに，国，地域，地球レベルでの生物多様性の損失[11]の現状の速度を顕著に低下させるため，条約の3つの目的のより効果的で一貫性のある実施を約束すること」

また，戦略目標（goal）として下記の4つを採択した．
- 目標1：条約が国際的な生物多様性問題にリーダーとしての役割を果たしている．
- 目標2：締約国は条約を実施するための財政的，人的，科学的，技能的，技術的な能力を向上させている．
- 目標3：生物多様性国家戦略と行動計画，および生物多様性の懸念

---

[11] 生物多様性の損失とは，「地球，地域，国のレベルで測定される，生物多様性の構成要素とその財とサービスを提供する潜在力の長期的又は永久の質的・量的低減」と定義された（COP 7 決議VII/30）．

を関連するセクターに統合することが，条約の目的を実施するための効果的な枠組みとして作用している．
- 目標4：生物多様性の重要性とCBDのよりよい理解があり，このことによって，その実施へのより広範な社会の参加につながっている．

この戦略目標は，2002年にヨハネスブルグで開催された「持続可能な開発に関する世界サミット」で採択されたヨハネスブルグ実施計画で支持された．また，2005年の国連総会では各国首脳レベルで，その実現が約束された．さらに，2007年には，国連のミレニアム開発目標に組み入れられた（目標7.B）．

2　2010年目標の評価

2004年に開催された第7回締約国会議（COP7）は，2010年目標に向かっての進捗を評価するための枠組みを決定した．この枠組みでは，以下の7つの分野を重点分野とした（決議Ⅶ/30）．

① 生物多様性の構成要素（バイオーム，生息地及び生態系，種と個体数，遺伝子の多様性を含む）の損失速度を低減させること
② 生物多様性の持続可能な利用を促進すること
③ 生物多様性に対する主要な脅威（侵略的外来生物，気候変動，生息地の変化を含む）に対処すること．
④ 生態系の健全性と，人間の福利に役立っている，生態系による財とサービスの提供を維持すること．
⑤ 伝統的な知識，工夫と慣習を保護すること．
⑥ 遺伝資源の利用から生じる利益を公正かつ公平に配分することを確保すること
⑦ 開発途上国（特に，最貧国，島嶼国）や経済移行国のために，財政的・技術的資源を動員すること．

〈2010年目標の進捗を計測するための指標〉

また，COP7では，2010年目標に照らして地球レベルで進捗を評価するための暫定指標が採択された．指標のリストは，決議Ⅶ/30の附表Ⅰとして作成

されている．この指標は，2010年目標に向けての進捗状況を評価する「地球規模生物多様性概況」（Global Biodiversity Outlook：GBO）で用いられることとなった．さらに，2010年目標を明確化するために，既述の重点分野について目標と小目標が定められた（決議Ⅶ/30の附表Ⅱ）．

表2-1は，上記の作業の結果，現時点で指標として採用されている暫定指標と，2006年に公表された地球規模生物多様性概況第2版（GBO2）の評価結果をまとめたものである．

GBO2によると，表2-1に示されているように，評価した15の指標のうち，改善したのは「保護地域の指定範囲」のみであり，「水域生態系の水質」では「悪化」と「改善」が同時に起きている．また，「アクセスと利益配分」の指標は開発中であり，「不明」と報告されている．この他，残りの12指標は悪化した．このように2010年目標の達成には向かっていないことが明らかとなっている．

GBO2では，下記を結論としている．「2010年目標の達成は大きな課題ではあるが，決して不可能ではない．そのためには前例がないほどの努力がさらに必要であり，生物多様性喪失の主要な要因に重点的に取り組まなければならない．本条約では，一連の政策，ガイドライン，作業計画がすでに策定されている．これらに若干の修正を加えれば，地球，地域，国家レベルの行動に指針を与えることが可能である．しかし，最善の成果を得るためには，これらのツールを，生物多様性喪失の要因を生み出す諸部門において，緊急且つ広範にわたり適用する必要がある．これまで述べたように，生物多様性を浸透化させるための機会は多く存在するが，その好機を捉えることができるか否かは，国家レベルで効果的な行動が採られる否かにかかっている．」

すなわち，生物多様性の損失速度を減少させるためには，各国政府がそれを実現するための効果的な政策を採用し，実施する必要があると指摘している．

3　2010年目標が達成されない理由

生物多様性条約の目的は定性的であり，評価が難しい．2010年目標は，これを定量化しようとする試みである．

第2章 生物多様性条約における保全への取組み

表2-1：2010年目標の進捗を評価する暫定指標とその達成度の評価

A：焦点をあてた領域	暫定指標 ➢：直ちに試験・使用できると考えられる指標 •：さらに検討が必要であることが確認されている指標	GBO2による評価 ○：改善 ●：悪化 —：評価対象外
生物多様性の構成要素の状態と傾向	➢ 特定の選定された生物群系，生態系，生息地の規模の推移	●
	➢ 特定の種の個体数と分布の推移	●
	➢ 保護地域の指定範囲	○
	➢ 絶滅危惧種の状態の変化	●
	➢ 社会経済的に重要性の高い家畜，栽培植物と魚類の遺伝的多様性の推移	●
持続可能な利用	➢ 持続可能な管理が行われている森林，農業，水産養殖生態系の面積	●
	• 持続可能な供給源から得られた製品の割合	—
	• 生態系フットプリント及び関連する概念	●
生物多様性に対する脅威	➢ 窒素堆積	●
	➢ 外来生物種の推移	●
生態系の完全性と生物多様性のモノとサービス	➢ 海洋食物連鎖指数	●
	➢ 水域生態系の水質	●／○
	• 他の生態系の栄養の健全性	—
	➢ 生物多様性の連結と分断化	●
	• 人為による生態系の劣化の発生率	—
	• 地域の生態系のモノとサービスに直接依存するコミュニティの健康と福祉	—
	• 食料と医薬品のための生物多様性	—
伝統的な知識・工夫・実践の状態	➢ 先住民族の言語的な多様性とそれらの言語を話す人々の数と推移	●
	• 先住民族の伝統的な知識の状態に関する他の指標	—
アクセスと利益配分の状態	• アクセスと利益配分に関する指標	不明
資源移転の状態	➢ 条約を支援するために提供される政府開発援助（ODA）の額	●
	• 技術移転の指標	—

（出所）CBD事務局のHP及びGBO2から筆者作成.

Ⅲ　2010年目標

　IUCNの指摘によれば，2010年目標は，生物多様性保全のコミュニティに対しては行動の焦点を，民間セクターや地方自治体などの比較的新しく参加してきたステークホルダーには保全参画への基礎を提供したなどの強みもあったが，その目標は達成できなかったのは，以下の弱点があったためであるという．

- 目標に対しての進捗を測定するための明確なベースラインがなかった．IUCNのレッドリストは，生物多様性の状態に対する有益な情報ではあるが，生物多様性の全ての構成要素を代表するような基礎的なものがなかった．
- 「生物多様性の損失」は，生物多様性の「状態」を示す指標を基にした目標であるが，その原因となる「要因」や，それに影響を与える「対応策」に関する目標がなかった．
- 国際的な合意事項には強制力がなかった．また，行動に対する責任やその応答の測定について具体性がなかった．
- 生物多様性の目標と指標が収まる明確な枠組みが欠けていた．2010年目標は，一般的で達成したくなるような中目標を有していたが，指標が設定された主要分野では，もっと具体的な小目標が立てることができたはずであるが，それが実行されなかった．
- 効果的に実施するための，組織的な調整，政策，資金やインセンティブの点で十分な支援が欠けていた．
- 生物多様性の目標を，他の世界的な課題（例えば，貧困削減など）と関連付けることができなかった（国連ミレニアム開発目標にCBDの2010年目標が入れられたのは2007年であった）．
- 表現上からは，生物多様性保全に失敗しているのに成功とみなされる場合があった（例えば，ある魚類の種の個体数は急減したため，損失速度は減少した．これは，以前の損失速度を維持できるような数の個体数が残っていないためである．このような場合でも，損失速度が減少するため，成功とみなされる）．
- 生物多様性の損失という，後ろ向きな目標であった．
- 採択された2002年から2010年までのわずか8年間で実現しようとすることは非現実的であった．

第2章　生物多様性条約における保全への取組み

- 「生物多様性」という多様な意味がある概念が一般には理解しにくいものであった（CBD関係者にとっては，遺伝子，種，生態系の多様性を含んだものであるが，外部者にとっては，様々なことを想起できるものであった）．

以上のことから，IUCNは，ポスト2010年目標は，客観的・定量的に測定可能であり，かつ，生物多様性の状態へ影響を与える要因や，その要因に影響を与える対応策に関する指標を基礎とした目標とすべきであると指摘している．

〈日本における目標達成の状況〉

CBD事務局に提出された環境省第4次国別報告書（2009年）によると，「取組の一部には，2010年目標にむけたゴールを一定程度達成しているものもあるが，多くは達成に向けて施策に取り組んでいる最中である」としており日本においても，2010年目標は達成できなかった．

環境省のレッドリストによると，絶滅のおそれがある種が3,155種であり，一部で個体数が回復したものもあるが，多くの種で絶滅リスクが高まっている．

IV　ポスト2010年目標

既に述べたとおり，CBDのポスト2010年目標と戦略計画は，2010年10月に名古屋で開催されるCOP10で決定される予定である．この策定に向けた国際的な議論は，2010年5月に公表される予定の地球規模生物多様性概況第3版（GBO 3）やCOP10で公表される「生態系と生物多様性の経済学」（TEEB）の最終報告書などの作成過程といくつかの準備会合を経て行われる．

以下では，これまでの国際的な議論を基に，ポスト2010年目標がどのようなものとすべきかについて考察する．

〈CBDの究極の目標は何か〉

既に述べたように，2010年目標に関するCOP6での決議では，その究極の目標は「生物多様性の損失を止める」ことであった．

まず，この究極の目標について，CBDの目的との関係を整理してみたい．CBDの第1の目的である「生物多様性の保全」は，生物多様性を遺伝子，種，生態系のすべてのレベルで自律的に存続可能な状態で維持することを意味するであろう．また，第2の目的である「生物多様性の構成要素の持続可能な利用を図ること」は，持続可能な利用が，「生物の多様性の長期的な減少をもたらさない方法及び速度で生物の多様性の構成要素を利用し，もって，現在及び将来の世代の必要及び願望を満たすように生物の多様性の可能性を維持すること」(CBD第2条)であることから，生物多様性の損失は長期的にはゼロとすることを意味している．

以上のことから，「生物多様性の損失を止める」ことは，CBDの目的と合致している．問題はその達成時期をいつに設定し，それをどのような方法で実現し，どのような指標で評価するか，という点である．

しかし，日本政府が2010年3月に定めた「生物多様性国家戦略2010」では，2050年までに，「生物多様性の損失を止め，その状態を現状以上に豊かにすること」とし，具体的にいつ生物多様性の損失を止めるかの目標は掲げていない．

このようなあいまいな目標では，世界各国の政府・企業・市民に対し，危機的状況にある生物多様性の保全のために，今すぐに政策転換し，行動を起こす必要性・緊急性を訴えることはできない．

ただちに生物多様性の保全のために政策転換を行わないと，TEEB中間報告書(2008年)などでも警告されているように，現在我々の直面する状況では，直ちに保全のために政策転換を行わなければ，生態系はティッピングポイントを超え，非線形的な変化を起こして，取り返しがつかない変化(例：さんご礁の崩壊，アマゾンの熱帯林の乾燥地化など)が生じる可能性がある．

従って，世界の人々が危機意識をもって直ちに行動を取ることを促すために，早期(例えば2020年まで)に生物多様性の損失をゼロとするような，意欲的かつ明確な目標を掲げるべきであろう．

しかし，現状では，例えば2020年までに生物多様性の損失を止めるという目標は，これを達成することは容易ではない．

各国が生物多様性保全のために取るべき政策については，国連ミレニ

第2章　生物多様性条約における保全への取組み

アム生態系評価（MA）では，例えば，下記のような提案がある．
- 各国政府が，生態系サービスの自由な利用（オープンアクセス）を認めている現状の制度を改め，効果的な生態系管理を行う制度とガバナンスを確立する（政府の腐敗防止も含まれる）．
- 生態系サービスを過剰利用する補助金（農業補助金など）を撤廃し，市場で評価されていない生態系サービスに対する支払い（自然保護活動に対価を払うことや，持続可能な漁業や林業の認証制度など）を行う制度を導入する．

このような政策転換を行おうとすると，前者では，現在の資源利用によって利益を得ている人々（森林を伐採している人々など）からの強い反対があるであろう．また，後者では，国内の農業従事者や一般市民，特に貧困層には大きな犠牲を強いることとなり，政治的には実施が極めて困難であろう．

また，新たな政策手段としては，今盛んに取り組まれている地球温暖化対策の一環としても，前述のように森林破壊・劣化に起因するCO_2が世界の温室効果ガス排出量の約20％を占めていることから，森林の破壊・劣化を早急にゼロにするよう取り組みが始まっている．これについては既にCBDのCOP 9において，2020年までに森林破壊をネットでゼロすることが67国の環境大臣によって支持されている（CBD）．ただし，森林破壊を阻止するためには，森林の主要保有国である途上国への経済的なインセンティブが必要である．前述のREDDの仕組みの検討が始まっているが，現実に実施しようとすると課題も多い．

2020年目標の設定においては，このような困難な課題の解決に各国が真剣に取組むという各国の首脳レベルでのコミットが不可欠であろう．

〈目標達成度を測定する指標〉

既に，CBDにおいても，また，日本など個々の国においても，生物多様性を測定するための指標開発が進んでいる．

よく指摘されるとおり，生物多様性の持つ様々な価値や内在する不確実性から，生物多様性を完全に評価できる指標開発はそもそも不可能である．しかし，完全な指標がないことを理由として，数値的な目標を設定しないことは絶対に避けるべきである．よって，目標設定においては，その時点におい

Ⅳ　ポスト2010年目標

て最も信頼でき，容易に測定でき，さらに既にデータが利用可能なものを選定すべきであろう．

　目標の達成を測定する指標の選択においては，生物多様性の「状態」の指標で設定するのか，生物多様性に対する「脅威」や「要因」などで設定するのかが，論点となるであろう．しかし，多くの科学者の意見では，生物多様性の「状態」を正確に測定する指標の開発は不可能であるといわれている[12]．

　このことから，生物多様性の脅威やその要因に着目した指標が有望であると考えられる[13]．具体的には，生物多様性への脅威とは，具体的には気候変動，生息地の損失・劣化，乱獲，外来種，汚染などである（IUCN）．

　そこで，次に，生物多様性に影響を与える人為的な要因に焦点を当てて，指標について考察してみることとする．なお，上記の脅威のうち，気候変動については，気候変動枠組条約の中で扱われるため，本節では対象としない．

　国連ミレニアム生態系評価によると，「過去50年間にわたって，主に食糧，淡水，木材，繊維及び燃料の需要の急速な増大に対応するために，人類は歴史上かつてない速さで，大規模に生態系を改変してきた．この改変は地球上の生命の多様性という面では，莫大かつ概して不可逆的な喪失をもたらした」．このような生態系の改変の結果として生じているのが「生息地の損失・劣化」であり，これが生物多様性の危機の最大の原因である．このため，本節では，「生息地の損失・劣化」に絞って検討する．

　生息地の損失・劣化を防ぐためには，現在，多くの国で下記のような政策が実施されており，後述のように生物多様性の定量的評価と目標達成の進捗状況を測定する指標の開発も進んでいる．

---

[12] 2009年10月15，16日に神戸で開催された「神戸生物多様性国際対話」におけるIUCN上席科学顧問マクニーリー氏の発言による．

[13] IUCNは以下の4つの選択肢を提案した：選択肢1：特定の目標がない保全活動へコミットする．選択肢2：現状とほぼ同じで，2020年までに生物多様性の損失を止めるなどで表現される目標とする．選択肢3：生物多様性に関連する圧力と影響の指標で目標を定める．選択肢4：生物多様性・生態系サービス・人間の福祉に関連させた指標で目標を設定する．本書では，上記のうち選択肢3が適切であると考えた．

第2章　生物多様性条約における保全への取組み

① 保護すべき重要な生態系（生息地）を保護区に指定する（保護区における開発行為などの規制，保護区の環境を悪化させるような行為の規制，外来種の侵入防止や駆除などを含む）
② 開発事業による影響を回避又は最小化するために，環境アセスメント（政策，計画段階からの戦略的環境アセスメントを含む）を実施する．
③ 生物多様性の価値が高い生態系においては，開発事業による生態系への影響評価は，回避，最小化を行い，その後に残る影響については代償措置を講じることによって生態系のネットでの損失をゼロとすること（ノーネットロス）を法的に義務化する
④ 過去に失われた自然を再生したり，既存の分離した自然に回廊を作ることで連結しネットワークを形成する

　上記のうちで，3番目の政策は，「生物多様性ノーネットロス政策」と呼ばれ，米国，EU等の約30カ国で既に導入されている（田中・大田黒）．
　また，企業・NGO/NPO・政府が参加する国際的な研究プロジェクトである「ビジネスと生物多様性オフセットプログラム」（Business and Biodiversity Offset Program; BBOP）は，ノーネットロスまたはネットゲイン[14]を達成するために実施する生物多様性オフセットを自主的に導入するためのガイドラインの制定とパイロットプロジェクトを推進している．
　このような生物多様性のノーネットロスを実現することは，開発事業が生息地に与える影響を開発の前後で実質的な損失をゼロとすることであり，生息地の減少・劣化を防ぐことに貢献するであろう．すなわち，ノーネットロス政策は，生物多様性に対する「脅威」である生息地の減少を食い止めるための，開発行為という「要因」をコントロールするための有効な手段であると考えられる．
　以上のことから，目標達成度を測定するための指標としては，開発事

---

[14] 回避，最小化した後の残余の損失に対し，代償を100％以上実施することによって，開発が生物多様性に与える影響をプラスとすること．

業が生物多様性へ与える負の影響と，代償として実施される生物多様性の再生等による正の影響を定量的に評価して合計して得られるネットの影響の値を用いることが望ましいと考えられる．

　しかし，このようなノーネットロス政策は，日本ではほとんど本格的な議論がされていない．第7章では，生物多様性ノーネットロス政策に焦点を当てて検討する．

第3章 企業の役割と取組みの現状

　生物多様性は人類の存続のためにはもちろん，社会活動・文化活動の基盤であるとともに，企業の経済活動の基盤でもある．企業は社会の中で活動し，社会と環境に対し大きな影響を与えており，社会と環境に対し責任のある「良き企業市民」として行動することが求められている．さらに，社会全体の財産でもあり自らの活動基盤でもある生物多様性を含めた環境の保全に取り組むことが求められている．

　本章の前段では，企業が，その社会的責任（CSR）として生物多様性保全へ果たす役割，企業の生物多様性保全に関する活動に関連する国内外の様々な指針，さらに，その取り組みの現状について，世界的な企業の事例をもとに見てみる．また，後段では，企業が自主的に生物多様性保全活動に取り組むことによって得るチャンスと回避できるリスクについて述べ，それを踏まえて，企業が利潤との両立が可能な方法で戦略的に保全に取組むための重要な点を説明する．

I　企業の役割

　企業による生物多様性保全の取り組みを促す国際的な枠組みの最も基本となるものは，前述の生物多様性条約である．

　生物多様性条約は，既述のとおり，①生物の多様性の保全，②生物多様性の構成要素の持続可能な利用，③遺伝資源の利用から生ずる利益の公正かつ公平な配分を目的としている（第1条）．

　条約の前文では，生物多様性には「生物の多様性が有する内在的な価値並びに生物の多様性及びその構成要素が有する生態学上，遺伝上，社会上，経済上，科学上，教育上，文化上，レクリエーション上及び芸術

上の価値」があり，「生物の多様性が進化及び生物圏における生命保持の機構の維持のため重要である」と，生物多様性には様々な価値があることを明らかにしている．

　生物多様性条約は，その保全に責任を有するのは各国であるとしながらも，以下の記述の通り，民間部門の協力が必要だとしている：「諸国が，自国の生物の多様性の保全及び自国の生物資源の持続可能な利用について責任を有する」；「生物の多様性の保全及びその構成要素の持続可能な利用のため，国家，政府間機関及び民間部門の間の国際的，地域的及び世界的な協力が重要であること並びにそのような協力の促進が必要であること」(前文)．民間部門の役割については，2006年にCBD締約国会議の決議が採択されている（後述）．

　生物の多様性は，これまでは政府が絶滅危惧種の生息地を保護したり，その捕獲や取引を規制して対応してきた一方，実際の保護活動の多くは，市民団体や地域住民が自主的に行っているケースが多かった．しかし今，生物多様性の喪失の度合いは深刻であり，その保全のあり方を根本的に捉え直し，民間セクターにも積極的に関わってもらおうとする動きが国内外で出てきている．

II　企業の行動に関する指針の現状と課題

1　国際的指針

　企業（特に多国籍企業）は，その活動が社会や環境へ与える影響が大きいことから，地球環境問題や社会問題などへ自主的に取組むことが世界的に要請されている[15]．1992年の地球サミットで採択されたアジェンダ21では，企業は，健康・安全・環境の側面から，製品とプロセスの責任ある倫理的な管理を確保するべきであり，この目標を達成するため

---

(15)　古くは，1976年にOECDが多国籍企業の行動に関する指針（多国籍企業行動指針）を制定し，加盟国企業が企業に対し責任ある行動をとるよう勧告した（最新の改定は2000年）．この行動指針は，原則，一般方針，情報開示，雇用及び労使関係，環境，賄賂の防止，消費者利益，科学及び技術，競争，課税で構成されている．

に，企業は，適切な規範・憲章・イニシアティブによって規定された自主規制を強化すべきであるとされている（アジェンダ21　30.26）.

以下では，企業の責任ある行動に関する最近の国際的な指針を紹介するとともに，その中で生物多様性についてはどのような指針があるかを概説する．

(1) 国連グローバルコンパクト

2000年に発足した国連グローバルコンパクト（Global Compact；GC）は，企業が国連や労働，市民社会と協力し，世界的に合意された環境・社会に関する原則を支援する活動である．GCでは，人権，労働，環境及び腐敗防止の分野で10の原則を定めており，環境分野では，予防的取組[16]を支持し，より大きな環境への責任を促進する活動に取り組み，環境にやさしい技術の開発と普及を奨励している．なお，GCには，生物多様性などの具体的な環境側面に関する指針は含まれていない．

GCに参加する企業は，GCの原則を企業の戦略・日々の操業・企業文化に採用したうえで，GCの原則を企業のハイレベルでの意思決定に統合すること，国連ミレニアム開発目標などに貢献すること，企業の年次報告などの中でGC原則の実施について報告すること，GCを自身の意見表明や同業者・顧客・公衆などへの広報によって前進させること，などが求められる．ただし，これらはすべて自主的に行うものであり，義務的なものではない．

GCにおける義務の一つは，毎年，進捗報告（Communication on Progress）を国連に提出することである．これは，ステークホルダーに対するGCの原則の実施と国連の開発目標に対する支援についての情報開示である．この報告を提出しない企業はGCのリストから除籍される．

現在のGCへの参加者は，6,700以上の団体であり，うち企業は5,200以上である（2009年6月現在）．しかし，日本企業は98社が参加しているのみである[17]．

---

[16] 予防的取組については，第4章Ⅰ(2)を参照．
[17] UNGCのホームページによる（最終確認2010年1月4日）．

(2) Global Rreporting Initiative (GRI) ガイドライン

　企業活動は，自然界から資源を採取し，それらを用いてモノを生産，消費，廃棄することを通じ，環境に対し様々な影響を与えている．このため，企業の社会的責任（CSR）の考え方から，企業は，環境に対し責任ある行動をとることが求められている．

　米国のセリーズ（Coalition for Environmentally Responsible Economies；CERES）と国連環境計画（UNEP）が共同で1997年に設立したGlobal Reporting Initiative（GRI）は，サスティナビリティ報告書における質，厳密さ，利便性の向上を目的とした最初のガイドライン（GRIガイドライン第1版）を2000年6月に発行した．現在の第3版 GRIガイドライン（2006年版）おいては，生物多様性への影響は下記の指標について報告することとされている．

〈コア指標〉

EN11　保護地域内あるいはそれに隣接した場所及び保護地域外で生物多様性の価値が高い地域に，所有，賃借あるいは管理している土地の所在地及び面積．

EN12　保護地域及び保護地域外で生物多様性の価値が高い地域での生物多様性に対する活動，製品及びサービスの著しい影響の説明（直接的な影響に加え，間接的な影響（サプライチェーンにおける影響など）を含めて，報告組織の事業活動，製品及びサービスに関連して生物多様性に及ぼす著しい影響を特定する）．

〈追加的指標〉

EN13　保護または復元されている生息地

EN14　生物多様性への影響を管理するための戦略，現在の措置及び今後の計画

EN15　事業によって影響を受ける地区における生息地域に生息するIUCNのレッドリスト種及び国の絶滅危惧種の数．絶滅危険性のレベルごとに分類する．

　上記のほか，下記の通り，水の取水と排水，有害物質の漏出は生物多様性へ与える影響が大きいため，報告事項に挙げられている．

EN 9──取水によって著しい影響を受ける水源（希少種又は絶滅危惧種の生息地である水界からの取水かどうか，その水源が保護地域に指定されているか，もしくは，生物多様性から見た価値（種の多様性および固有性，保護種の数など）がどうか，などに留意する必要がある）

EN23──著しい影響を及ぼす漏出の総件数および漏出量（化学物質，石油および燃料の漏出は，周辺の環境に著しいマイナスの影響を与える恐れがあり，土壌，水，大気，生物多様性および人間の健康に被害を及ぼしかねない）．

EN25──報告組織の排水および流出液により著しい影響を受ける水界の場所，それに関連する生息地の規模，保護状況，および生物多様性の価値を特定する（その排水先が，希少種又は絶滅危惧種の生息地である水界なのか，そこが保護地域に指定されているかどうか，などに留意する必要がある）

(3) 赤道原則（Equator Principles；EP）

金融の分野では，民間銀行が開発プロジェクトに融資する際に環境・社会面のリスクを判断，評価及び管理するための共通の基準として，欧米金融機関が2003年に「赤道原則」を採択した．

この原則は，プロジェクトの資金コストの合計が10百万ドル以上となるすべての新規プロジェクトに適用される（既存のプロジェクトに遡及適用はされないが，既存のものを拡張又は改善することによって大きな影響を与えるプロジェクトにも適用される）．

EPに参加する金融機関は，EPの10原則（2006年）に合致するプロジェクトのみに融資する．この原則の概要は，下記の通りである．

- ●原則1　レビューと分類：プロジェクトの提案があった段階で，その潜在的な影響やリスクを国際金融公社（IFC）の環境社会スクリーニング基準で分類する．
- ●原則2　社会環境アセスメントの実施
- ●原則3　社会環境基準の適用：非OECD加盟国などの場合は，

第3章　企業の役割と取組みの現状

　　　IFC のパフォーマンス基準（後述）などが適用される．この基準には，生態系や生物種への影響を最小化するための配慮と自然資源の持続可能な管理を行うことが含まれている．
- 原則4　行動計画と管理システム：アセスメントの結果を基に必要なミティゲーション（影響緩和）・是正・監視を行う行動計画を策定する．借り手は，社会環境面の管理システムも確立する．
- 原則5　協議と公開：政府，借り手又は第三者の専門家は，プロジェクトの影響を受けるコミュニティ（地域社会）と協議する．コミュニティに顕著な影響を与えるプロジェクトにおける協議プロセスでは，コミュニティの自由で，事前に情報が提供される協議を保障し，また，コミュニティの懸念が十分に考慮されたかどうかを確認するため，EP 参加機関（金融機関）が満足するような，コミュニティに十分な情報が与えられる形での参加を促進する．以上のことを実現するため，アセスメント文書や行動計画などは公衆に公開される．
- 原則6　苦情処理メカニズムの設置
- 原則7　独立した者によるレビュー：借り手から独立した者がアセスメント，行動計画及び協議プロセス文書をレビューする．
- 原則8　誓約書（借り手が誓約に反した場合は，EP 参加機関は是正等を求めることができるようにする）
- 原則9　独立した者による監視と報告：独立した環境社会の専門家がプロジェクトの監視と報告を行う．
- 原則10　EP 参加機関は，EP の実施についての報告を1年に最低1回は公表する．

(4)　**国際金融公社（International Finance Corporattion；IFC）のパフォーマンス基準**

　世界銀行グループの一つである国際金融公社（IFC）の目的は開発途上国における持続可能な民間セクターの開発を促進することである．

　IFC は，融資の対象とするプロジェクトの環境や社会への影響を回避し，最小化し，又は代償するための指針として「社会と環境の持続可能

性に関するパフォーマンス基準」を作成し（最新版は2006年），その融資の借り手が基準を遵守することを求めている．

この基準では，①社会・環境アセスメントとマネジメントシステム，②労働者と労働条件，③汚染の防止・削減，④地域社会の衛生・安全・保安，⑤土地取得と非自発的移転，⑥生物多様性の保全及び持続可能な自然資源管理，⑦先住民族，⑧文化遺産，の8項目について指針を設けている．

上記6番目の「生物多様性の保全及び持続可能な自然資源管理」では，自然生息地を改変するプロジェクトについての条件を明らかにしている．危機的な状況にある生息地においては，その地域に生息する絶滅危惧種を維持する能力や機能に重要な負の影響が無く，一切の絶滅危惧種の個体数に減少が無く，また，より軽度な影響は適切に（実施可能な場合は，生物多様性が純減しないよう）緩和することとされている（詳細は，ボックス3-1参照）．

ボックス3-1

**IFC「社会と環境の持続可能性に関するパフォーマンス基準」
生物多様性の保全及び持続可能な自然資源管理**

(1) 自然生息地
7．自然生息地では，顧客は，以下の条件が充足されない限り，その生息地を大きく転換または劣化させない：
　－技術的かつ財務的に実施可能な代替案が無い．
　－プロジェクトの全体利益が，コスト（環境及び生物多様性へのコストを含む）を上回る．
　－一切の転換または劣化は，適切に緩和される．
8．実施可能な場合は，緩和策は，生物多様性が純減しないように計画される．それは，下記のようなアクションの組み合わせを含む場合がある：
　－操業後の生息地の回復
　－生態学的に類似した，生物多様性のために管理される地域を設定することを通じた，損失の相殺
　－生物多様性の直接的な利用者への補償

(2) 危機的な状況にある生息地
9. 危機的状況にある生息地は，自然生息地及び転換された生息地の共通の一部を構成するもので，特別の配慮を受けるに値する．危機的状況にある生息地は以下の地域を含む．
- 絶滅危惧 IA 類または絶滅危惧 IB 類[注]の存続に必要な生息地を含む生物多様性の価値が高い地域；
- 固有種または生息地域限定種にとって特別な重要性を持つ地域；
- 移動性種の存続を左右する重大な地域；
- 群れを成す種の，世界的に重要な集合体または個体数を支える地域；
- 種の特異な集合が見られる地域，重要な進化の過程に関与している，または，重要な生態系サービスを提供している地域；ならびに，
- 現地の地域社会にとって社会的，経済的，または文化的に重要な意義を持つ生物多様性を有する地域．
10. 危機的状況にある生息地では，顧客は，下記の要求事項を満たさない限り，一切のプロジェクト活動を実施しない：
- 9項に記載された種の定着した個体数を支持する危機的状況にある生息地の能力，または，9項に記載された危機的状況にある生息地の機能に重要な負の影響が無い．
- 認識されている一切の絶滅危惧 IA 類または絶滅危惧 IB 類[注]の個体数に減少が無い．
- より軽度な影響は，8項に一致した方法で緩和される．

[注] 絶滅危惧 IA 類と絶滅危惧 IB 類は IUCN が指定する絶滅危惧種のレベルを示すもの．

この基準は，民間銀行が融資プロジェクトの審査において用いる指針である「赤道原則」においても引用されている．

(5) 国連環境計画 (UNEP) 金融イニシアティブ (UNEP FI)

UNEP FI は，UNEP と UNEP FI 宣言に署名した170以上の金融機関のパートナーシップであり，1992年から開始した．

UNEP FI 宣言には，2つの宣言がある．

一つは，「環境と持続可能な開発に関する金融機関による UNEP 宣言」(1997年改定) であり，市場メカニズムの枠組みの中で，以下にコ

ミットすることである．
- ① 企業の方針として持続可能な開発へコミットし，これを「良き企業市民」を目指す努力の中に組み入れる．
- ② 環境管理：予防的取組を支持し，法令を順守し，環境リスクを通常のリスクマネジメントの中で考慮し，省エネやリサイクルを含む環境管理の最高の実践を追及し，自らの実践を定期的に改善し，環境面での内部監査を実施し，環境保護を促進する製品とサービスを開発する．
- ③ 啓発とコミュニケーション：環境方針を公表し，それに基づく活動を定期的に公表し，顧客と環境情報を共有し，株主・従業員・顧客・政府・公衆などと対話し，他の機関のこの UNEP 宣言への支持を促し，UNEP と協力して本宣言を見直す．

　二つ目は，「保険産業による環境へのコミットメント宣言」であり，これは保険業に特化したものであるが，内容として1つ目のものとほぼ同じである．

　金融機関は，上記の2つのいずれかの宣言に署名することで UNEP FI に参加することができる．

　この UNEP FI への参加者は，宣言に対してとった行動について年次報告書を UNEP に提出することが求められる（この報告書の内容は公開されない）．UNEP FI への参加は任意であり，特に義務的なことはない（宣言に反する行為があったとしても，法的な責任は生じないとされている）．

(6) 生物多様性条約（CBD）における決議

　2006年の CBD の第8回締約国会議（COP 8）では，生物多様性保全において，企業がベストプラクティスを実践するなどの自主的な取組みを奨励する決議が採択された．

第3章　企業の役割と取組みの現状

ボックス3-2

CBD COP 8 決議（2006）：民間部門に条約への参画を促す決議

　民間企業の自主的な関与の必要性：企業の日常の活動は生物多様性へ大きな影響を与えている．このため，企業がベストプラクティスを採用し促進することは，CBDの目的と2010年目標[注1]達成に向けて顕著に貢献する．

　企業に対し下記を奨励する（決議Ⅷ/17）．
- CBDと生物多様性のための国家戦略・計画を支援するための行動を取ること．
- 生物多様性のためのビジネスの事例を開発・促進し，ベストプラクティス・指標・証明制度・報告ガイドラインや基準（特に，2010年指標[注2]に合致したパフォーマンス基準）を開発し広範な利用を促進する．」

[注1]　2002年の締約国会議で決議されたものであり，2010年までに生物多様性の損失速度を顕著に低下させることが目標となっている．
[注2]　2010年目標の達成度を評価するための指標．

　また，ドイツのボンで2008年に開催されたCBD第9回締約国会議（COP 9）では，締約国に対し，企業が生物多様性の保全に貢献するよう政府と民間とのパートナーシップを発展させることなどを求める決議が採択された（ボックス3-3）．

ボックス3-3

CBD COP 9 決議（2008）ビジネスと生物多様性

- 締約国に対し，ビジネス界がCBDの3つの目的を達成することへの関与を高めるため，特に政府と民間とのパートナーシップを発展させることを通じ，その行動と協力を改善することを求める．
- 締約国に対し，生物多様性のためのビジネスの事例への認識を高めることを促す．
- 官民の金融機関に対し，すべての投資の決定において生物多様性へ

の配慮を含めることを奨励する．
- GEF（地球環境ファシリティ）や公的機関などに対し，開発途上国において，CBDの実施にビジネス界を関与させるための能力開発を支援することを要求する．
- この決議の付属書に含まれる事務局の「ビジネスの優先行動の枠組み」を歓迎し，事務局長や締約国などが行うイニシアティブを考慮することを求める．

本決議の附属書
ビジネスの優先行動の枠組み（2008-2010）
　　優先分野1：生物多様性のビジネス事例を促進する
　　　　　－ビジネス事例に関する情報を蓄積し，広めることを継続する．
　　優先分野2：普及ツールとベストプラクティス
　　　　　－国際社会環境認証ラベル（ISEAL）連盟などの団体と協力し，国際的な自主的認証制度が条約の目的の実施へ与える影響に関する情報を収集し，ベストプラクティスの採用を奨励するための知識の共有と技術的な支援ツールを開発する．行動には，国際的な自主的な認証制度に関する情報を得られるようにすることを含む．
　　　　　－ビジネスと生物多様性オフセットプログラム（BBOP）を含む関係機関と協力し，(a)ケーススタディ，(b)手段（生物多様性オフセットのツールやガイドライン），(c)関係する国家や地域の政策枠組み，に関する情報を収集し，利用可能とする．

(7) ビジネスと生物多様性イニシアティブ

　COP 9（2008年）においては，ドイツ政府の働きかけによって，「ビジネスと生物多様性イニシアティブ」（business and Biodiversity：B & B）が設立され，日本企業9社（アレフ，鹿島建設，サラヤ，住友信託銀行，積水ハウス，富士通，三井住友海上，森ビル，リコー）を含む世界の34社が生物多様性保全へのコミットメント宣言（リーダーシップ宣言）を行った（ボックス3-4）．この宣言は，COP 9でのサイドイベントとして実施され，筆者（宮崎）もこれに参加した．このイベントでは，主催者側の説明を受けた後の質疑の中で，あるNGOの参加者からは，宣言を歓迎するが，2～3年後の成果の発表（宣言の第4番目を参照）を見

て判断したいとの意見があったのが印象的であった．

ボックス 3-4

リーダーシップ宣言
国連生物多様性条約実施に向けて—
ドイツ連邦環境自然保護原子力安全省（BMU）と主導企業によるイニシアティブ

　調印した企業は，以下に挙げる条約の3つの目的に同意し，これを支持する．
- 生物多様性の保全
- 生物多様性の構成要素の持続可能な利用
- 遺伝資源から生じる利益の公正・公平な配分

　また調印企業は，今後以下の活動に取り組むことを表明するものである．

1．企業活動が生物多様性に与える影響について分析を行う．
2．企業の環境管理システムに生物多様性の保全を組み込み，生物多様性指標を作成する．
3．生物多様性部門のすべての活動の指揮を執り，役員会に報告を行う担当者を企業内で指名する．
4．2～3年毎にモニターし，調整できるような現実的かつ測定可能な目標を設定する．
5．年次報告書，環境報告書，CSR報告書にて，生物多様性部門におけるすべての活動と成果を公表する．
6．生物多様性に関する目標を納入業者（supplier）に通知し，納入業者の活動を企業の目標に合うように統合してゆく．
7．対話を深め，生物多様性部門の管理システムを引き続き改善してゆくために，科学機関やNGOとの協調を検討する．

---

(8) 気候・地域社会・生物多様性同盟（Climate, Community and Biodiversity Alliance；CCBA）

　気候・地域社会・生物多様性同盟（CCBA）は，地球温暖化による生態系や人々の生活への影響などに対処するために2003年に設立された，

Ⅱ 企業の行動に関する指針の現状と課題

世界的な企業（BP, Intel 等）と NGO（CI 等）のパートナーシップ組織である．CCBA は，気候変動，地域社会と生物多様性に対し便益をもたらす世界中の森林保全やその回復プロジェクトの開発を促進するために市場に影響力を与えることを求めている．

　CCBA が作成する CCB 基準（ボックス3-5）は，土地を基礎とした炭素ミティゲーションプロジェクトの開発の初期段階を評価するものである．本基準では，気候変動や生物多様性保全の視点から，土地管理プロジェクトの評価を総合的に行う指標を定め，それによる格付けを提案している．

　生物多様性については，ベースラインに照らして実質プラスの影響（net positive impacts）がもたらされなければならないとしている．

ボックス3-5

気候・地域社会・生物多様性同盟（CCBA）による評価基準
生物多様性セクションの評価基準（実質プラスの生物多様性への効果）

（コンセプト）
　プロジェクトの実施期間中に，プロジェクト・ゾーン内で，生物多様性に対して，ベースラインに照らして実質プラスの影響（net positive impacts）がもたらされなければならない．プロジェクト・ゾーン内にある世界，地域，あるいは国の生物多様性の保全にとって重要な HCV (注) は，維持またはさらに高められなければならない．プロジェクトの結果，侵入種が増えてはならない．また，遺伝子改変生物（GMO）を使ってはならない．

（指標）
　① プロジェクトの結果として，プロジェクト実施期間中にプロジェクト・ゾーン内で起きる生物多様性の変化を，適切な方法論により推測すること（プロジェクトシナリオ）．前提条件は，明確かつ妥当であること．このプロジェクトシナリオは，参照シナリオと比較して，実質プラスの効果がなければならない．
　② HCV が，いずれも悪影響を受けないことを示すこと．
　③ プロジェクトで使用される全ての種を明らかにすること．プロジェクトの影響を受ける地域に，既知の侵入種が導入されてい

ないことを示すこと．プロジェクトの結果，侵入種の個体数が増加しないことを示すこと．
④ プロジェクトで使用される外来種が，地域の環境に与えると想定される悪影響について記述すること．記述には，在来種への影響や病原の導入・媒介などについても含むこと．在来種ではなく，外来種を用いる場合は，その正当な理由を述べること．
⑤ 温室効果ガスの排出削減・吸収のために，遺伝子改変生物（GMO）を使わないことを示すこと．

(注) HCV (High Conservation Value；保護価値の高い要素)：世界的，地域的，あるいは国として重要な生物多様性価値の集まり（保護地域，希少種，固有種，ある生活史の中で一時的に相当数の個体が集中するところ（例，渡り経路，採餌場，繁殖地など）などをいう．

2 国内の指針

(1) 法 律

日本においては，1993年に制定された環境基本法では，「事業者は，基本理念にのっとり，その事業活動を行うに当たっては，(中略) 自然環境を適正に保全するために必要な措置を講ずる責務を有する」とされている（8条第1項）．また，この環境基本法に基づき作成された環境基本計画（2006年）において，企業は，調達，製造，運搬，販売，廃棄物処理などの事業活動において，地球環境，物質循環，生物多様性などの視点から環境負荷の低減に取り組むこととされている．

日本では，「環境情報の提供の促進等による特定事業者等の環境に配慮した事業活動の促進に関する法律」（環境配慮法）において，事業者の責務として，「事業者は，その事業活動に関し，環境情報の提供を行うように努める」（4条）とされている．

さらに，生物多様性基本法（2008年）には，事業者の生物多様性に対する責務が明記された：「事業者は，基本原則にのっとり，その事業活動を行うに当たっては，事業活動が生物の多様性に及ぼす影響を把握するとともに，他の事業者その他の関係者と連携を図りつつ生物の多様性に配慮した事業活動を行うこと等により，生物の多様性に及ぼす影響の低減及び持続可能な利用に努めるものとする」（6条）とされている．

Ⅱ　企業の行動に関する指針の現状と課題

　以上のように，企業を含む事業者は，自然環境を適正の保全するための措置，環境負荷の低減，環境情報の提供，生物多様性に及ぼす影響の把握，生物多様性に配慮した事業活動を実施する責務があるということになる．

(2)　計画・ガイドライン

　環境省が2007年に作成した「環境報告ガイドライン」では，生物多様性の保全に関する方針，目標，計画，取組状況，実績等については，情報や指標を用いて記載することを推奨し，記載する情報・指標として下記を挙げている．

- ・事業活動に伴う生態系や野生生物への主要な影響とその評価（海外の生物多様性の豊かな地域における開発を含む）
- ・原材料調達における生態系や野生生物への主要な影響とその評価（影響が大きい業種の場合には，そのプロセスにおける影響も含む）
- ・事業活動によって発生し得る生物多様性への影響を回避ないしは軽減するための取組
- ・所有，賃借，あるいは管理する土地及び隣接地域における生物多様性の保全に関する情報
- ・生物多様性が豊か，あるいは保護する価値が高い地域[18]に所有，賃借，管理している土地がある場合は，その面積と保全状況等
- ・生態系の保全・再生のために積極的に行うプログラム及び目標（生物多様性が豊か，あるいは保護する価値が高い土地の買い上げや寄付等による保全活動を含む）

　2007年に改定された第三次生物多様性国家戦略においても，民間の参画を強く求め，またそれを推進するための施策としてガイドラインの整備などが具体的に盛り込まれている．

　この国家戦略に基づき，環境省は，2009年8月に，「生物多様性民間

---

[18]　国立公園，国定公園，地方自治体の指定した保護区域，世界遺産条約やラムサール条約等国際条約による指定地域，希少な野生生物の生息・生育地等が相当する．

第3章　企業の役割と取組みの現状

参画ガイドライン～事業者が自主的に生物多様性の保全と持続可能な利用に取り組むために～」を公表した．このガイドラインでは，「生物多様性の保全」と「生物多様性の構成要素の持続可能な利用」を理念とし，取組の方向として以下を掲げている．

① 事業活動と生物多様性との関わり（恵みと影響）を把握するよう努める．
② 生物多様性に配慮した事業活動を行うこと等により，生物多様性に及ぼす影響の低減を図り，持続可能な利用に努める．
③ 取組の推進体制等を整備するよう努める．

また，基本原則として以下を掲げている．

　基本原則1：生物多様性に及ぼす影響の回避・最小化[19]
　基本原則2：予防的な取組と順応的な取組
　基本原則3：長期的な観点

さらに，考慮すべき視点として下記の7点を挙げている．

　視点1：地域重視と広域的・グローバルな認識
　視点2：多様なステークホルダーとの連携と配慮
　視点3：社会貢献（社会の一員としての責務を自覚し，長期的な視点で取り組む）
　視点4：地球温暖化対策等その他の環境対策等との関連
　視点5：サプライチェーンの考慮
　視点6：生物多様性に及ぼす影響の検討（事業が生物多様性へ与える影響の有無や程度を事前に検討すること．その検討には，例えば，事業が行われる場所が生物多様性の保全上，保護価値が高い土地かどうかを確認することが含まれる）
　視点7：事業者の特性・規模等に応じた取組

このガイドラインは，幅広い分野の事業者が生物多様性の保全と持続

---

[19] ガイドラインには，「代償」への言及がないが，海外の大規模事業の取組の参考事例の中では，「土地開発等の場合には，回避・低減・代償措置（事業により失われる環境と同種の環境を創出すること）の優先順位により取組を検討する」とある．また，非生物資源（鉱物・エネルギー資源）の開発の取組事例の参考例では，生物多様性に配慮した採掘等の方法の例として「回避・低減ができなかった場合の希少種の移植」を検討すべきとある．

可能な利用に取り組むための基礎的な情報や考え方を取りまとめたものであり，これから生物多様性保全に取り組もうとする企業にとっては，有益な情報として活用されるであろう．しかし，ガイドラインに記載されていることは，企業が採用するかどうかは任意であり，拘束力はない．また，ガイドラインには，企業の取組として目標とする到達点が示されていないため，企業の取り組みを評価するための基準としては用いることができない．

(3) 民間団体
〈経済団体連合会〉

経済団体連合会は，2009年3月に生物多様性宣言を公表した．下記がその7原則である．
① 自然の恵みに感謝し，自然循環と事業活動との調和を志す．
② 生物多様性の危機に対してグローバルな視点を持ち行動する．
③ 生物多様性に資する行動に自発的かつ着実に取り組む．
④ 資源循環型経営を推進する．
⑤ 生物多様性に学ぶ産業，暮らし，文化の創造を目指す．
⑥ 国内外の関係組織との連携，協力に努める．
⑦ 生物多様性を育む社会づくりに向け率先して行動する．

同年4月には，さらに「行動指針とその手引き」を公表した．これは，企業が生物多様性へ取組む場合の具体的な方法について実践的なガイドを提供している．

〈環境経営学会〉

環境経営学会では，持続可能な社会の構築に貢献する企業経営の持続的発展可能性を評価することを目的として，サステイナブル経営格付[20]を実施している．

この格付けは，次のような考え方に基づいている：一般に企業経営者が目

---

[20] 環境経営学会では，サステイナブル経営を「企業は社会の公器であるとの認識の下に，持続可能な社会の構築に企業として貢献することを経営理念の一つの柱と定めて経営を進め，社会からの信頼の獲得と経済的な成果を継続的に挙げることによって真の企業価値を高め，企業の持続的発展を図る経営」と定義している．

第3章　企業の役割と取組みの現状

指すのは「企業価値の向上と持続的発展を遂げること」にあると考えられるが，これらは「いずれも結果として成就すること」である．学会の格付けでは「（これらを）成就するために企業がとる手段とその過程が，学会が希求するサステイナブル経営の理念にそって，企業の統治をもって具現されているかどうか」を問い，診断するものである．

　評価は，戦略，仕組，成果（パフォーマンス）の各段階で行われる．分野としては，経営，環境，社会の3つであり，その環境の中の一つの項目として「生物多様性の保全」がある．

　生物多様性に関する評価基準（ボックス3-6）においては，企業のマネジメントの評価が中心となっている．

ボックス3-6

生物多様性の保全に関する評価基準（環境経営学会）

(1) 戦略（方針）
〈生物多様性保全の方針〉
　1．生物多様性の保全を推進する全社的な方針・目標・計画の存在
〈啓発・教育方針〉
　2．全役員・全従業員に対する生物多様性の保全を啓発・教育する方針，目標，計画の存在
　3．生物多様性に関する全役員・全従業員の自主的な保全活動を評価・支援する方針，目標，計画の存在
〈支援方針〉
　4．事業により影響を受ける生物多様性についての情報を公表する方針，目標，計画の存在
　5．生物多様性の保全に関して，社外のステークホルダーを支援する方針，目標，計画の存在
　6．社外のステークホルダーと協働して生物多様性を保全する方針，目標，計画の存在

(2) 仕組（推進体制）
〈生物多様性保全の推進体制〉
　1．生物多様性保全の視点で事業活動を監視し，生態系保全の推進を担当する組織
　2．事業に伴う自然環境影響のアセスメントの実施・公表手順

〈社内教育・自主活動支援〉
　3．全役員・全従業員に対する生物多様性の保全の啓発・教育制度
〈ステークホルダーへの支援体制〉
　4．社外のステークホルダーの生物多様性の保全に対する理解を深めるための啓発・教育制度がある
　5．事業が影響を及ぼす生物多様性について社外のステークホルダーに報告するための組織・制度

(3)　成果（パフォーマンス）
〈生物多様性保全目標の達成〉
　1．所有，貸借，管理している土地における生物多様性とそれらへの影響の把握
　2．操業により生物多様性が減少した地域において，生物多様性の回復
　3．生物多様性の保全目標の達成
〈社内教育・支援実績〉
　4．全役員・全従業員に対する，生物多様性の保全の啓発・教育プログラムの実施
〈ステークホルダー支援実績〉
　5．社外のステークホルダーに対する生物多様性の保全のための啓発・教育の実施
　6．社外のステークホルダーによる生物多様性の保全活動の支援
　7．社外のステークホルダーとの協働による生物多様性の保全活動の実施

（出所）環境経営学会（2009）

　企業の生物多様性保全への取組に関しては，以上述べたように国内外に多くの指針があるが，全体的には下記のことが言えるであろう．
- すべての指針は，企業が自主的に保全に取組むに当たって参考となる情報を示したものであるが，強制力がない．仮に指針に反していたとしても，実質的な罰則がない（参加者リストから除籍されることはある）．
- 多くの指針は，企業が実施することが望ましいことを抽象的に列記しているが，到達すべき水準が明らかでない．例外としては，IFCのパフォーマンス基準とCCB基準では，生物多様性への影

響をネットでゼロ又はプラスとすることが指針に含まれている．しかし，前者は，実施可能な場合に実施することとしており，任意である．また，後者は，認証する場合の条件であるが，そもそも認証を受けるかどうかは任意である．

以上のことから，これらの指針が企業の行動をどの程度変えていくのかは明確ではない．

では，世界の企業はどのように生物多様性に取り組んでいるのか，日本企業は，世界の中で進んでいるのか，遅れているのか，ということについて以下で見てみる．

III 世界の企業の取り組みの現状

本節では，主要業界ごとの企業の生物多様性への最新の取組みを調べて，その業種ごとの特徴と課題を明らかにしてみる．このため，各業種の世界の売上高のトップ5企業を選定し，そのホームページ，CSRレポートやサステイナビリティ報告書などから各社の取り組みを見てみる．

本節の狙いは，各社の取組の優劣を評価することではない．実際，各社の取組を比較しようとすると，情報公開している項目が各社で共通でないために正確な比較は難しい．この背景には，多くの企業はGRIに準拠して情報公開を行っているが，GRIが推奨していることは，各社にとっての重要性（materiality）に従って重点的に情報公開することである．このため，各社にとって，生物多様性の重要度の認識が異なっていると，公開する情報の項目やレベルが異ってくるため比較が困難となる．

1 評価の視点

本節では，各社の生物多様性への取り組みは，既述のB＆Bのリーダーシップ宣言の内容を参考として，各社のCSRレポート等における公開情報から読み取れる範囲で評価することとし，下記の視点を暫定的な評価基準として取り上げた．以下の各項目の括弧内は，既述のB＆Bのリーダーシップ宣言との関連を示している．ただし，これらの評価

基準のみでは，企業の取組を客観的に評価するには不十分であるので，本来のあるべき評価基準については第5章を参照されたい．

① 情報公開：環境や社会への取り組みを公表しているか？：企業の中にはホームページにも年次報告書にも社会や環境に対する取組みを全く公開していない社もまれに存在するため，まずは，そのような報告があるかをチェックすることとした．

② 経営方針：各社の経営方針の中での生物多様性の保全を明記しているか？　まずは，経営方針の中で「生物多様性」の保全を掲げているかどうかを見る．生物多様性という言葉がそれほど普及しているわけでもないので，生態系，自然としていても，同じと考える．（リーダーシップ宣言の(2)参照）

③ 計画：生物多様性保全のための目標と計画，ガイドラインなどを定めているか？　具体的に検証可能な目標を設定し，それを実現するための計画などがあるかをチェックする．企業の環境マネジメントシステムの中に生物多様性を組み込むことも含まれる（リーダーシップ宣言の(2)(4)参照）．

④ 影響の公表：本業が生物多様性へ与える影響を公表しているか？　企業は自らの活動が生物多様性へ与えている影響を把握するとともに，これを公表すべきである．社会貢献としてどれほど生物多様性保全を行っていたとしても，本業が与えている負の影響と比較できないと意義が薄い（リーダーシップ宣言の(1)参照）．

⑤ 活動の公表：生物多様性保全の活動を報告しているか？　本業及び本業以外での社会貢献としてどのような活動を行っているかをチェックする（リーダーシップ宣言の(5)参照）．

⑥ 調達における配慮・サプライヤーへの働きかけ：企業が購入行動を通じて生物多様性への保全に配慮しているかどうか，サプライヤーに対し生物多様性への配慮を働きかけているかどうか，をチェックする（リーダーシップ宣言の(6)参照）．

⑦ NGO/NPOなどと協働しているか？：生物多様性の保全には，市民を代表するNGO/NPOが大きな役割を果たしている．企業が

生物多様性への貢献を行う場合には，高い専門性やネットワークを保持するNGO/NPOとの協働が不可欠であるため，これを実施しているかどうかをチェックすることとした．プロジェクトに全く関わることなく単にNGO/NPOに資金を寄付することは，協働には含めない（リーダーシップ宣言の(7)参照）．

検証では，以下の業種を対象とする．
- 資源採取産業：鉱業，石油，食品
- 製造業：自動車，電子・電気製品
- サービス：小売業，銀行

対象とした企業は，フォーチュン（Fortune）誌が公表しているグローバル500（Global 500）（2008年の売上高の世界ランキング500社）の業種別のトップ5社である（ただし，英語で情報公開している企業に限る）．なお，企業名の次のカッコ内は，企業の本社所在国，2008年の売上高と従業員数を示す．

各社の取組に関する記述は，各社のCSRレポートやHPを基に，上記の7つの視点から特徴的と思われる点を要約したものである．

2 鉱 業

鉱業は，地下の鉱物を採取すること，選鉱で廃棄物を排出し，精錬工程では排気ガスや廃水を排出することから，周囲の生物多様性へ与える影響は極めて大きい．このため，鉱業では，そのライフサイクル全体で現地の生物多様性と現地住民への配慮が必要である．

世界の主要鉱山企業が設立した国際金属・鉱業評議会（ICMM）は，生物多様性に関するガイドラインを2006年に発行し，その中で，鉱山活動が生物多様性へ与える影響を回避，最小化，復元，代償を行うことによって，ネットでの損失をゼロまたはプラスとすること（生物多様性オフセット）を推奨している（ICMMの取組みの詳細は第7章2を参照）．また，ICMMが作成したGRIの鉱業セクターのガイドラインでは，企業が鉱山活動のために改変している土地と復元した土地の面積を公表することとしている．以下，個別の企業例を考察する．

(1) BHPビリトン（BHP Billiton）（豪；595億ドル；4.2万人）

世界第1位の鉱山会社であるBHPビリトンは，投資，操業と閉山の活動において生態学的価値と土地利用の側面を評価し，考慮することによって生物多様性の保護を高めることを方針としている．同社はこの方針の下で，以下の取組を行っている．

- 鉱山開発のライフサイクルを通じて，生物多様性へ与える可能性がある影響を評価し，対処する．さらに，保全のパートナーシップ活動への寄付，研究活動および知識の共有を通じて生物多様性の保護を高めることに貢献する．
- プロジェクトの最初（探査）から最後（閉山）まで，生物多様性へのリスクを特定し，評価し，対処する．
- すべてのサイトで，生物多様性，水，廃棄物，土壌と空気を含めた影響を評価する管理計画を策定する．
- 世界遺産指定地域では，鉱山活動を実施しない．その周辺地域での活動は，世界遺産の顕著で普遍的な価値を損なわないようにする．
- IUCNによる保護区分類Ⅰ～Ⅳ[21]に分類される地域内では，生物多様性へ与える影響のレベルと等しい，生物多様性への測定可能な便益をもたらす行動計画が計画されない限り，鉱山活動を行わない[22]．
- IUCNによって絶滅のおそれのある種（threatened with extinction）として指定されている種の絶滅をもたらすような直接的な影響を与える活動を進めない．

---

(21) IUCNの考える保護地域の定義ならびに保護対象により6つに分類された保護地域管理カテゴリーである：カテゴリーⅠは厳正保護地域・原生自然地域（学術研究若しくは原生自然の保護を主目的として管理される保護地域），カテゴリーⅡは国立公園（生態系の保護とレクリエーションを主目的として管理される地域）；カテゴリーⅢは天然記念物（特別な自然現象の保護を主目的として管理される地域）；カテゴリーⅣは種と生息地管理地域（管理を加えることによる保全を主目的として管理される地域）；カテゴリーⅤは景観保護地域（景観の保護とレクリエーションを主目的として管理される地域）；カテゴリーⅥは資源保護地域（自然の生態系の持続可能な利用を主目的として管理される地域）である（IUCN日本委員会のHP）．

(22) 生物多様性オフセット（後述）を行う趣旨と解釈できる．

第3章　企業の役割と取組みの現状

- 閉山後は，鉱山活動の開始前の形での土地利用か，または，ステークホルダーと協議して作成する計画に応じて土地を回復させる．
- テーリングや鉱石廃棄物は，川や海洋へは投棄しない．

生物多様性と土地の管理としては，同社は約600万haの土地を所有・管理・賃借している（探索と開発プロジェクトのための土地は除く）．鉱山・処理・精錬・石油活動のために116,000haの土地を改変し，そのうち38,500haは復元している．また，11,000haを生物多様性保全のために設けて管理している[23]．

土地所有では，同社の活動によって重大な影響を受けた保全価値の高い土地は，同社の報告では0箇所となっている．保護区に土地を所有等しているのは，4カ国655,630ha，（保護区以外で）保全価値の高い土地は101,000ha所有している．

同社の5年計画では，2012年までに土地復元指数（改変した土地面積に対する復元した土地の面積の比率）を10％向上させる計画である．

(2)　リオ・ティント（Rio Tinto Group）（英；543億ドル；10.6万人）

第2位のリオ・ティントは，50カ国，110のサイトで鉱山プロジェクトを実施している．

2004年にIUCNバンコク総会で，企業の方針としてネットで正の影響（net positive impact；NPI）を採用することを発表した．これは，企業の活動による影響を最小化し，その地域へ究極的には便益を保障するために生物多様性の保全に貢献するというコミットメントを意味している．

生物多様性は同社にとっては，ビジネスのリスクであったが，2004年以降は，生物多様性はビジネスの価値の形成，ステークホルダーとのより良い関係を，さらに成長する生態系サービスの市場を理解し，持続可能な発展の目標を達成するためのチャンスだととらえている．

同社が生物多様性戦略を成功させるためには，その事業によって影響を受ける人々や，同社の意思決定に関心を持つ人々と良い関係を持つ必

---

[23]　改変した土地面積に対し，33.2％は復元し，9.5％に相当する土地は生物多様性のために保全していることになる．

要がある．先住民族，影響を受けるコミュニティ，国際・地域のNGO/NPO，投資者，科学や金融のコミュニティと，同社の役員や従業員はすべてがステークホルダーであると同社は捉えている．

同社では，以下のNGO/NPOとパートナーシップを結んでいる：バードライフ・インターナショナル（BirdLife International），コンサベーション・インターナショナル（Conservation International），アースウォッチ（Earthwatch Institute），ファウナ・フローラ・インターナショナル（Fauna & Flora International），キュー王立植物園（Royal Botanic Gardens, Kew）．

また，注目すべき点として，リオ・ティントは，既にギニア，マダガスカル，ブラジルで生物多様性オフセットを実施している．また，先進国では，米国ユタ州（銅鉱山），米国の石炭鉱山，アルカン社（豪州とNZ）で実施しており，生物多様性オフセットのリーダー的存在である．

図3-1は，リオ・ティントによるNPIの説明図である．

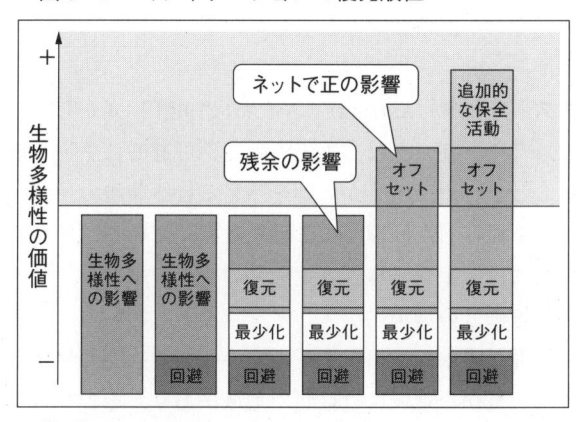

図3-1：ミティゲーションの優先順位

（出所）Rio Tinto社

(3) ヴァーレ（CVRD）（ブラジル；374億ドル；6.2万人）

第3位のヴァーレの環境保全への取組は，地域の社会・経済開発と自然資源・生物多様性・生命の維持とのバランスを探求することである．同社は，生態系の維持と種の保全にコミットしており，ブラジル各地の

51

鉱山サイトでその保護活動を行っている．同社は現在，すべての国で適用する生物多様性ガイドラインを作成中である．

　同社は，約271,300haの土地を保有しており，その40％は採掘，残りは処理・生産・輸送に用いている．所有地の約9％は法的な保護区内にあり，26％は（国や地域の政府が定義する）生物多様性の保全上価値が高い地域（保護区外）にある．さらに国際的な生物多様性の基準を考慮すると，230,700haは，原生地帯のホットスポットに入っている．

　また，同社は，自然保護のために1,020,100haの自然の土地を保全している（内訳は，同社の所有地が4％，借地が3％，地方政府との協働で公式に保全する土地が93％）．

　同社は，自然環境の改変は最小限とし，事業とともに実施している環境保全活動は，地域の生物多様性へ正の貢献を行っていると主張しているが，その証拠は公表していない．

　同社は，さらにその保有する土地に生息する絶滅のおそれがある生物種に関する情報を公開している．また，同社が鉱山開発している面積，閉山後の復元をした面積なども公表している．

(4) エクストラータ（Xstrata）（スイス；279億円；4.0万人）

　第4位のエクストラータは，鉱山活動は不可避的に生物多様性へ悪影響を与えることを認め，事業が影響を与える自然環境の長期的な健全さ，機能と変異性を保存し，回復することを目指している．すなわち，操業時及び閉山後には，生物多様性と生態系の機能を維持し，最後には出来る限り元の状態に近い環境に戻すことを目標としている．

　同社は，保護区の中では事業を行っていないが，28のサイトが保護区や生物多様性が豊かな地域に近接した地域にあり，そのリストを公表している．また，同社は世界遺産指定地域では事業活動を実施しない方針である．

　同社は，すべてのサイトで生物多様性保全計画を実施することとしており，土地を取得してから2年以内にこれを作成する方針である．操業前には，ベースライン調査を行い，地域にIUCNレッドリスト掲載種や脆弱な生態系がないかを調べる．また，生物多様性と景観に与える影

響について環境影響評価を実施する．同社は事業の期間中，生物多様性の状態をモニタリングすることとしている．さらに，同社は，生物多様性オフセットを3箇所で実施しており，自然保護区を一箇所設置している．

　パートナーシップについては，CIやコンサベーション・ボランティアズ・オーストラリア（Conservation Volunteers Australia）などと協働している．

(5) アングロ・アメリカン（Anglo American）（英；263億ドル；10.5万人）

　第5位のアングロ・アメリカンは，2003年に生物多様性行動計画（BAP）を各サイトで作成・実施することを生物多様性戦略の中で掲げている．毎年最低10のBAPをピアレビューすることを2005年に開始し，47箇所で終了した．

　2008年には，ファウナ・フローラ・インターナショナルと世界的なパートナーシップを形成し，ピアレビューに参加してもらうようになった．また，英国の鉱山では，ワイルドライフ・トラスト（Wildlife Trust）による生物多様性ベンチマーク（Biodiversity Benchmark）の認証を得た．

3　石　油

　石油開発は自然生態系の中で実施されることが多いことから，鉱山会社同様その地域の生物多様性へ大きな影響を与える場合がある．また，自然の中で建設する石油パイプラインには，生息地を分断することから生態系へ大きな影響を与えることが懸念されている．

　また，多くの石油会社はバイオ燃料を扱っているが，バイオ燃料は，化石エネルギー資源とは異なり，適正に生産されればカーボンニュートラルとなり得るために気候変動対策の一つとして有力視され，各国でその導入が図られている．しかし，バイオ燃料の原料である農作物の生産のために森林伐採などが行われる場合には，炭素吸収源の減少により，気候変動対策として逆効果になる場合がある．これが，生物多様性の損

失につながることは言うまでもなく，この点で注意の必要な業界である．

(1) ロイヤル・ダッチ・シェル（オランダ；4,584億ドル；10.2万人）

　世界第1位のシェルは，経営理念の中に生物多様性を含めている．バイオ燃料については，2007年に持続可能な調達方針を導入した．その中には環境と社会の保護が含まれている．同社のサプライヤーは，バイオ燃料の生産は生物多様性が高い地域で行われたものでないことを保証することが求められており，2008年末までには，サプライヤーの50%以上がこの基準に合意した．同社は，この基準を第3者がチェックして保証する仕組みを世界的に構築することを開始し，同時に，バイオ燃料の責任ある調達の国際的な基準の作成を提案している．同社は，サプライチェーンで業界のガイドラインを提供し基準を改善するための，持続可能なバイオ燃料円卓会議（Roundtable on Sustainable Biofuels）などの自主的なイニシアティブに参加している．

　シェルは，2008年に生物多様性の価値が高い地域の事業所で生物多様性行動計画（BAP）を導入した．BAPには，同社が尊重すべき実践と，地域の生物多様性を監視，保全，改良するための方策が含まれている．この計画は，政府やNGO/NPOを含むステークホルダーによって独立して運営されている．なお，2008年には，世界自然遺産地域では石油・ガスの開発事業は行っていない．

　同社は，IUCNやウェットランド・インターナショナル（Wetlands International）と世界的なパートナーシップを締結している．2008年は，北極でのツンドラの保全，渡り鳥のための湿地の利用，バイオ燃料による生物多様性への影響の軽減などについて共同研究を開始した．

(2) エクソン・モービル（Exxon Mobil）（米；4,429億ドル；10.5万人）

　第2位のエクソン・モービルは，生物多様性の保全は，環境影響を注意深く管理することによって，経済開発とバランスをとることが可能であると信じている．同社の事業サイトは，脆弱な地域での影響を制限する努力によって，生物多様性の保護を組み込んでいる，としている．

　同社の環境ビジネス計画は，環境と生物多様性の保全の目的と各地域

での行動を明らかにしたものである．同社の世界中でのミティゲーション行動には，特定の種や脆弱な生息地を保護するために設計・建設・操業の方法を調整すること，劣化した事業サイトを環境的に受け入れ可能な条件に回復するための広範な復元行為，所有地での野生生物や生息地を改良する行動への参加を含んでいる．

同社はナイジェリアで，砂漠の侵食や乾燥地の劣化などの負の影響に関する研究を資金援助している．このプロジェクトには，100万本の植樹が含まれている．また，パプアニューギニアでは，遠隔地で生物多様性を調査するためのフィールド・キャンプを設置しており，科学者たちはそこで多くの新種を発見している．この調査は，施設の建設と操業期間における施設周辺の原生の状態に近い土地を保存するために必要なミティゲーションを決定するために役立っている．

(3) BP（英；3,671億ドル；9.2万人）

第3位のBPの戦略は，購入可能なエネルギーを，安全で，環境へ損害を与えない方法で生産することによって，株主に対する価値を創造することである．同社は，炭化水素のバリューチェーンを通じて，①世界が必要とする化石燃料資源をさらに探査・開発・生産し，②より質の高い製品を効率的に生産・処理・配送すること，③低炭素社会への移行に実質的に貢献する，としている．

ステークホルダーとの対話としては，新規プロジェクトを企画し実施するときには，ステークホルダーの環境と社会への懸念を検討するための協議を行っている．例えば，2008年4月には，パプアニューギニアのステークホルダーとの第5回目になる協議を行っている．

NGOとの協力としては，NGO/NPOがウェブベースの生物多様性統合評価ツール（世界の保護区のデータから作られるもので，企業が重要な生物多様性の情報にアクセスすることが可能となるもの）を作成することに対し支援を行っている．

(4) シェブロン（Chevron）（米；2,632億ドル；6.7万人）

第4位のシェブロンにとっての価値は，責任のあるビジネスを行い，

第3章　企業の役割と取組みの現状

エネルギーを提供して，創造的なパートナーシップを形成することである．同社は，エネルギーは世界の成長と繁栄の基礎であり，何十億人の人々にとってエネルギーは貧困から脱却するための最初でかつ重要なステップである，と考えている．また，シェブロンは，エネルギー開発のみならず，ニジェールデルタ等において地域の貧困，病気対策，コミュニティ開発に取り組んでいる．

生物多様性への取組としては，新規プロジェクトにおいて生物多様性を含めて環境・社会・健康への影響評価を実施している．同社は，2008年に，関係企業やNGO/NPO（CI, IUCN, バードライフ・インターナショナルなど）と協働し，プロジェクトの企画段階から生物多様性への懸念を検討するために用いることができる，生物多様性に関するオンラインの情報データベースを構築した．

(5)　トタル（Total）（米；2,467億ドル；9.7万人）

第5位のトタルは，自然資源の価値を見出し，環境を保護し，ホスト国の文化にあった操業を行い，社会全体との対話を維持することで，持続可能な開発に挑戦することを方針としている．

生物多様性の保全は，プロジェクトの設計から施設の撤去にいたるまで同社の戦略と操業の不可分な部分となっている．その目的は以下のとおりである．

➢ 施設のライフサイクルを通じて生態系への影響を最小化し，撤退する時にはできる限り元の状態に近づける．
➢ 生物多様性保存を環境マネジメントシステムに統合する．
➢ 生物多様性が豊かである又は脆弱である地域に特別の注意を払い，その地域で開発するかどうかをケースバケースで決定する．
➢ 生物多様性についての科学的進歩と知識の普及に貢献する．
➢ 地域コミュニティが自然環境の豊かさを保存することができるよう，同社の生物多様性への取組を同社のコミュニティ関係プロセスと調整する．

同社のレポートは，イエメンでのLNG開発におけるサンゴ礁の保護（サンゴの移設を含む）についての詳細を報告している．

4 食品

　食品産業は，その原料を農業に依存していることから，環境の持続可能性の観点から，持続可能な農業への貢献が求められる．持続可能な農業は，農業生産性を高めることで，自然の改変につながるような新たな農地開発の圧力を減少させることができる．また，農地開発のために新たに森林伐採を行わないよう，そのような農地開発によって得られた農産物の購入を食品産業が控えることは，森林保全に貢献する．

(1) ネッスル（Nestle）（スイス；1,016億ドル；28.3万人）

　世界第1位のネッスルの環境面での持続可能性方針は，以下の3つの原則による；

- 社会，現在と未来に対して責任をもつこと
- 消費者を満足させたいと願うこと
- 高品質な資源を提供する，持続可能な環境へ依存していること

同社は，以下にコミットしている．

- 環境法規及び社内基準の完全遵守
- 環境パフォーマンスの継続的改善（環境マネジメントシステムへの統合）
- 製品と活動の革新的なエコデザイン
- サプライヤーとの取引では，操業と資源利用における効率と持続可能性を改善するサプライヤーを優先すること
- 独立した環境監査・検証・証明
- 科学的な証拠に基づく，製品と活動に関する意味のある正確な環境情報
- 従業員，取引先，社会の環境啓発訓練・教育
- 環境的に健全な労働実践と，環境の改善に向けた従業員の努力の認知
- サプライヤー，従業員，顧客，消費者や地域コミュニティとのオープンな対話

第3章　企業の役割と取組みの現状

(2) アーチャー・ダニエルズ・ミッドランド（Archer Daniels Midland）（米；698億ドル；2.7万人）

アーチャー・ダニエルズ・ミッドランドでは，社会投資プログラムとして，税引き前利益の1％を目標としたプログラムを実施している．これは，世界中の重要な農業国において安全で責任がある，環境的にも健全な農業の実践を支援し，同時に従業員が生活し働くコミュニティを活発で強固なものとするものである．

同社は，サプライチェーンの統合のために，2007年以来，原料である農産物が環境と社会の見地から責任を持って生産されるよう，様々なプログラムを開始した．具体的には下記のものがある．

- ブラジルでは，2009年から，環境的に脆弱な地域での農地開発が進まないよう，環境的にも健全な方法で既存の農地での大豆の収穫高を上げるための技術指導を現地のNGO/NPOとの協力で開始した．
- NGO/NPOや他の世界的な農業企業やブラジル企業などが進めている，アマゾンで新たに森林伐採した地域からの大豆の購入を凍結する運動に2006年に参加した．
- 西アフリカ諸国のココア農家の生産性向上や貧困・病気対策などのための独自の支援プログラムを実施している．また，2009年には，世界ココア基金（WCF）などが西アフリカ5か国で実施する，約20万のココア農家の生活を顕著に改善するための40百万ドルのプログラムに参加した．
- 持続可能なパーム油の調達のために，RSPOに参加し，RSPOの証明を受けた油を購入している．

(3) ユニリバー（Unilever）（英／蘭；593億円；17.4万人）

世界第3位のユニリバーにおいては，持続可能農業，漁業，水保全など様々な取り組みを行っている．同社の長期的な目標は，以下を実現するため，すべての農業原材料は持続可能な供給源から購入することとしている．

- 農家や農業労働者が生活し続け，その生活条件を改善できる収入を

得ることができる．
- 土壌の肥沃さが維持され，改善される．
- 水の利用可能性と質が保護され，改良される．
- 自然と生物多様性が保護され，改善される．

認証製品の採用にも積極的で，例えば西欧で販売されるリプトン黄ラベル（Lipton Yellow Label）とPGチップス（PG Tips）のティーバッグの約半分は，レインフォレスト・アライアンス（Rainforest Alliance）の証明を受けた農家から購入したものである（2015年までにすべてのティーバッグを認証品とすることが目標）．また，森林伐採を止めるため，同社は，2015年までにはすべてのパーム油を持続可能な供給源から調達することを2008年に約束している．

(4) ブンジ（Bunge）（米；526億ドル；2.5万人）

第4位のブンジでは，農業と食品生産を行っているブラジルにおいて，持続可能な農業の技術支援を行っている．

2006年，同社は他のブラジル企業と協力し，アマゾンで新たに森林伐採した土地からの大豆の取引を2009年まで凍結することとした．また，他の企業やNGO/NPOと協力し，アマゾンの生物多様性が豊かな地域の保全に参加している．

(5) ペプシコ（PepsiCo）（米；433億ドル；19.8万人）

世界第5位のペプシコの環境面での持続可能性への取組みは，同社が専門的な対応能力を持ち環境に与える影響が最も大きい分野ととらえている，水，気候変動，農業と包装に焦点を当てている．同社の目標は，2006年を基準として，2015年までに生産単位当たり水の消費を20％，電力の使用を20％，燃料使用を25％削減することである．しかし，同社のレポートには，生物多様性についての記述はない．

5 自動車

自動車製造業では，工場などの施設建設において自然を改変する場合にはその土地の生物多様性へ影響を与えるため，その回避，最小化，代

償を行うことが求められる．また，製品のライフサイクルにおいて気候変動の緩和，埋立処分を行う廃棄物削減，資源使用量の削減などを行うことによって間接的に生物多様性保全に貢献することができる．また，地域社会での生物多様性保全活動に対して，社会貢献活動として参加することも期待される．

(1) **トヨタ（日；2,044億ドル；32.1万人）**

第1位のトヨタは，2008年3月に生物多様性ガイドラインを作成した．その基本的な考え方は，生物多様性の重要性を認識し，トヨタ基本理念に基づき，住みよい地球・豊かな社会の実現と，その持続的な発展を目指し，自動車・住宅事業，新規事業，社会課題への貢献等において，生物多様性に取り組むことである．

トヨタの生物多様性への主な取り組みとしては，下記が挙げられている．

① 技術による貢献：バイオ・緑化技術，環境技術等の可能性を追求することにより，生物多様性と企業活動の両立を目指す．
② 社会との連携・協力：政府・国際機関・NPO 等，生物多様性に関係する社会の幅広い層との連携・協力関係を構築することを目指す．
③ 情報開示：企業活動と両立する生物多様性に関する自主的取り組みや成果を開示することにより，広く社会と共有し，もって持続可能な社会の発展に寄与することを目指す．

また，同社では，生物多様性保全に資する社会貢献プログラムとして，トヨタ環境活動助成プログラムやトヨタ白川郷自然學校などの活動を行っている他，中国やフィリピンなどで地元政府や NGO とのパートナーシップのもと，森林再生プログラムを支援している．

(2) **フォルクスワーゲン（Volkswagen）（独；1,666億ドル；37.0万人）**

第2位のフォルクスワーゲンは，ビジネスと生物多様性イニシアティブ（B & B）に参加している．2008年に，生物多様性に関する目標宣言（Mission Statement）を発表し，同社がすべての場所で生物多様性を保

護するために強くコミットすること（自然保護区と国立公園は経済活動には用いないことなど）と，同社の環境マネジメントシステムに種の保全を組み込むことを宣言した．この宣言を検討する段階で，ドイツにおける最大規模の自然保護 NGO である NABU の協力を得た．同社は，地球温暖化対策も生物多様性保全に貢献すると認識している．

(3) ジェネラル・モーターズ（General Motors）（米；1,490億円；24.3万人）

第3位の GM は，その環境原則では，生物多様性への言及はない．また，CSR レポートは作成していない．同社の HP によると，製品の設計においては，廃棄物のリサイクルを行うことで埋立処分を減らすこと，再生可能な材料（天然繊維やケナフなど）を利用することを進めている．

(4) フォード・モーター（Ford Motor）（米；1,463億ドル；21.3万人）

第4位のフォードの経営方針の中には生物多様性への言及はない．また，同社のサステイナビリティ報告書にも生物多様性に関する記述は含まれていない．

(5) ダイムラー（Daimler）（独；1,403億ドル；27.3万人）

第5位のダイムラーは，CO_2 のゼロエミッションを目標としているが，環境分野での目標には，生物多様性への言及はない．環境 NGO である NABU に自動車を寄贈したことが記載されている．

6 電気・電子製品

電気・電子製品製造業においては，自動車製造業と同様，工場などの施設建設において自然を改変する場合には，その土地の生物多様性に与える影響を回避，最小化，代償することが求められる．また，製品のライフサイクルにおいて気候変動の緩和，汚染物質の排出削減，埋立処分を行う廃棄物削減，資源使用量の削減などを行うことによって間接的に生物多様性保全に貢献することができる．また，地域社会での生物多様

性保全活動に対して，社会貢献活動として参加することも期待される．

(1) シーメンス（Siemens）（独；1,236億ドル；42.1万人）

第1位のシーメンスの環境戦略は，気候の保護にコミットし，それをバリューチェーン全体へ適用することである．この方針には，同社の供給業者，顧客の生産プロセスにおけるCO_2削減を含んでいる．同社の世界全体の生産工場では2011年までに2006年比でCO_2排出量を販売額原単位で20％削減を目標としている．発電所や洋上の風力発電所の建設などの特に大規模プロジェクトでは，自然と環境への影響を評価している．しかし，方針の中には，生物多様性は言及されていない．

生物多様性に関する活動としては，ブラジルの工場の例が挙げられている．ここは，113km^{2}の敷地の中に45km^{2}の熱帯林を保有しており，学校の生徒のために作られた自然のトレイル（道）のみを設け，生物多様性に関する教育活動を行っている．

(2) サムスン電子（Samsung Electronics）（韓；1,104億ドル；16.5万人）

第2位のサムスン電子は，経営のグリーン化として，持続可能な発展を目指して，企業の経営活動の中で環境を，安全・健康とならんで中核要素として認識している．同社は，先進的な「環境安全健康システム」を構築し，製品，工程，職場，地域社会のグリーン経営活動を実践している．地域社会のグリーン化としては，環境と安全に対する社会的責任を果たし，国民と地域社会から尊敬される信頼経営を通じて共存共栄の理念を実現するため，一職場一山一河川保護運動（一つの職場が一つの山と一つの河川を保護する），地域住民と一体化した環境保全活動，生態系復元活動などを展開している．

(3) 日立（日；995億ドル；40.0万人）

第3位の日立は，「地球温暖化の防止」「資源の循環的な利用」「生態系の保全」を重要な3つの柱として，製品の全ライフサイクルにおける環境負荷低減をめざしたグローバルなモノづくりを推進し，持続可能な社会の実現をめざしている．

生態系の保全については，海域の生態系破壊を防止するため，殺菌剤を用いない船舶バラスト水の処理に貢献している．また，社会貢献活動として，アースウォッチジャパンとともに絶滅危惧種のミヤマシジミの調査研究をサポートする企業ボランティア活動を2006年度から実施し，参加者が生態系や生物多様性の保全について考える機会を提供している．

(4) LG（韓；821億ドル；17.7万人）

第4位のLGは，環境宣言の中で，自然環境の保存のための政策を促進することを謳っているが，具体的な活動についての説明はない．また，生物多様性への言及はない．

(5) パナソニック（日；773億ドル；29.3万人）

第5位のパナソニックは，「地球環境との共存」に貢献することを，事業ビジョンのひとつに掲げている．

環境分野では，生物多様性保全を今後の重要な取組として位置づけている．具体的には，2008年10月，WWFインターナショナルが推進する「北極圏プロジェクト」の世界最初のスポンサーとして支援を開始した．このプロジェクトは，北極圏の環境維持回復，生物多様性保全を目的としており，3年間で45万ユーロ（約5,800万円）を投資するものである．また，日中韓の3カ国のWWFと研究機関が取り組む，黄海の生物多様性保全のための「黄海エコリージョン支援プロジェクト」を2007年から支援することとし，7年間で1.7億円を投資する予定である．

また，2008年度は，「対象商品1台のご購入につき，1本植樹」というエコアイディアキャンペーンを実施し，約70万本（累計約120万本）の植樹を行ったとのことである．

7 小売業

小売業は，生物多様性に配慮された持続可能な商品をできるだけ多く販売することによって，世界の生物多様性保全に貢献することができる．また，原生的な自然生態系を破壊することによって得られる木材などの資源や，その跡地での農業開発によって得られる農産品を販売しないこ

とにより，それらの原産国の生物多様性の保全に貢献することができる．

(1) ウォール・マート（Wal-Mart Stores）（米；4,056億ドル；210万人）

世界第1位のウォール・マートは，次の3つの目標を2005年に設定した：①再生可能エネルギーを100％とする；②廃棄物をゼロとする；③資源と環境を維持する製品を販売する．つまり，持続可能な原材料調達を目標の一つに掲げており，全社レベルで取り組んでいる．

例えば同社は，2011年までに，米国では養殖でない魚と冷凍の魚は，すべてを持続可能な管理による認証品とすることを計画している．2009年1月現在で49％がMSC（海洋管理協議会）又は水産養殖認証協議会（Aquaculture Certification Council；ACC）の認証品となっている．

生息地保全にも貢献しており，米国では，米国のためのエーカー（Acres for America）計画を実施している．これは，米国魚類野生生物財団（National Fish and Wildlife Foundation）との協働プログラムであり，重要な魚類や野生生物の生息地を保全するため，その土地所有権を取得するための資金を提供するものである（2005年開始）．同社は10年間で35百万ドルの支援を約束しており，これによって，米国国内の施設が占める土地の1エーカーに対し最低1エーカーの自然を保護することとしている．2008年9月時点で13.8百万ドルの資金提供によって412,000エーカーの土地を永久に保護している．

また，カナダ，ブラジルでも自然の保護や再生のために資金を提供している．

(2) ホーム・デポ（Home Depot）（米；713億ドル；26.6万人）

世界第3位[24]のホーム・デポは，DIY店として大量の木材を購入しており，木材資源の持続可能調達のリーダー的存在である．危機に直面している森林を保護し，将来の世代に木材を残せるよう，同社は，1999年に木材調達方針を定めている．同社は，責任ある方法で管理された森林から得られた木材を優先的に購入し，危機に直面している地域からの

---

[24] 世界第2位のコストコ（Costco Wholesale）（米）はHPでの持続可能性レポートは読み込み不可能であった（2010年1月15日確認）．

木材は購入しないことを約束している．しかし，現在のところ，危機に直面している地域についての科学的なコンセンサスは十分得られていないため，同社は木材購入が与える影響を把握するために，危機に直面した森林地域を認識する際に必要な多くの社会的・経済的な事項を考慮することとしている．この方針を実現するため，すべての木材の原産地をトレースする必要があり，これまでの数年間の調査の結果，すべての品物の原産地を明らかにしている．

(3) ターゲット（Target）（米；649億ドル；35.1万人）

第4位のターゲット（総合小売業）の環境保全の取り組みは，環境に配慮した店舗の設計が主なものである．ただし，地域社会への貢献を重視しており，売上高の5％を地域社会に寄付している．これは，毎週3百万ドル以上に相当し，この資金は地域の教育，芸術，社会サービスの支援に使われている．この中で生物多様性への取組も含まれ，地域の水質，水源の保全，野生動物の生息地，湿地，表面水，森林の保全のために地域の行政機関と協力している．具体的には，洪水を防ぐために雨水を一時貯留する施設，道路の浸透性舗装，レインガーデン（雨水が自然に地下に浸透する庭）などの設置を進めている．また，オハイオ州の施設では，近隣の湿地を，その保全地役権を取得することで永久に保全している．

(4) ロウズ（Lowe's）（米；482億ドル；19.7万人）

世界第5位のロウズ（大型DIY用品店）のCSRは，地域社会への貢献を重点的に行っており，その中で生物多様性の保全活動も見られる．同社は，自然保護NGOであるネイチャー・コンサーバンシー（Nature Conservancy）とパートナーシップを組み，国内で森林や原生自然の保全に取り組んでいる．

また，原材料調達の面では，2000年以来，サプライヤーと協力して責任ある木材調達に取り組んでいる．同社は，2008年に，世界の森林保全にコミットすることを宣言し，2007年の違法伐採対策のためのレーシー法の改正を支持した．同社の木材調達の88％は森林が比較的よく管理さ

れている北米からである．その他の地域からの木材を調達する時には合法性を証明する文書の提出をサプライヤーに求めている．

(5) シアーズ・ホールディングズ（Sears Holdings）（米；478億ドル；32.4万人）

第6位のシアーズでは，責任ある調達として，持続可能な森林管理を実施するサプライヤーから認証品を優先的に購入する持続可能な紙調達方針を採用している．

8 銀 行

銀行は，開発プロジェクトへの融資についての意思決定を通じ，その開発プロジェクトが地域の生物多様性や地域住民などに与える影響を軽減することが期待されている．このため，銀行は，融資の決定の前に社会環境影響評価と行い，適切な措置が講じられることを確認するとともに，融資した開発プロジェクトが生物多様性や地域社会などへ与える影響を監視する責任があると考えられる．これらの責任は，第3章Ⅱ(3)で述べた「赤道原則」の中で明らかにされている．

(1) INGグループ（ING Group）（オランダ；2,266億ドル；12.5万人）

世界第1位のINGは，持続可能な開発の原則を同社のビジネスの決定とプロセスに統合しており，その中では，生物多様性を考慮することを明記している．しかし，具体的な生物多様性保全プログラムを作成しているのは，一部の部局にとどまっている．同社では，今後さらにプログラム作成を進め，全社的な意識啓発プログラムに統合することを予定している．対外業務では，赤道原則を採用しており，融資するプロジェクトが環境へ与える負の影響は可能な限り回避又は最小化するようにビジネスを行うこととしている．また，同社は，2008年，国連責任投資原則[25]（UNPRI）に署名した．

---

(25) 国連責任投資原則（UN Principles for Responsible Investment；UNPRI）は，機関投資家が，受託者としての責任（受益者のために長期的な視点に立ち最大限の利益を最大限追求する義務）に反しない範囲で，投資分析と意思決定のプ

(2) デクシア・グループ（Dexia Group）（ベルギー；1,613億ドル；2.8万人）

第2位のデクシアは，2008年11月にエネルギー部門の融資に関する内部ガイドラインを作成した．その中では，エネルギー部門の他の部門とも共通するが，生物多様性の保全が含まれている．

同社はまた，赤道原則を採用している．また，ユネスコが指定した地域，ラムサール条約登録湿地，IUCNのカテゴリーⅠからⅣに分類される保護地域では，エネルギープロジェクトの融資もコンサルティングも行わない方針である．また，IUCNのレッドリストに掲載された種の地域個体群に対し実質的な影響を与えるプロジェクトについても同様に扱うこととしている．

(3) HSBCホールディングス（HSBC Holdings）（英；1,420億ドル；33.1万人）

第3位のHSBCは2003年に赤道原則を採用した．同社の環境問題への取組みは，気候変動と自然資源に関連するリスクとチャンスの分析に基づいている．そのうえでエネルギー，水，廃棄物と，森林を含む生物多様性に焦点を当て，顧客と協力し，そのビジネスが自然資源に与える影響を低減することを方針としている．この取り組みの枠組となっているのは赤道原則と同社のセクター別方針である．

同社では，融資が環境と社会へ与える影響を評価することが，リスクアセスメントの中に組み込まれている．そのうえで一貫性のある分析と承認プロセスを保障するため，同社は，持続可能性格付けシステムを導入している．このシステムによって，同社は，センシティブな分野で操業する世界中の顧客を監視し，その格付けを行い，どの程度の持続可能性リスクがあるかについてのデータを得ることができる．

同社は，森林と森林製品，鉱業と金属，化学，淡水，インフラ，エネ

ロセスにESG（環境，社会，企業統治）の課題を組み込むことなどを原則とするものである．この原則は，2005年に国連事務総長が世界の主要な投資機関に対し責任投資原則の作成への参加を依頼し，その後，投資業，政府，市民社会，学術界からの専門家の参加を得て，2006年に作成されたものである．

第3章　企業の役割と取組みの現状

ルギーなどのセンシティブな分野についての一連の方針を作成している．それらには，ビジネスが制限される地域と禁止される地域の概要が記載されている．

(4)　BNP パリバ（BNP Paribas）（仏；1,361億ドル；15.4万人）

　第4位のBNPパリバは，2003年に国連グローバルコンパクトに参加し，2008年に赤道原則を採用した．また，国連責任投資原則（UNPRI）にも署名している．環境への取組は気候変動対策が中心であり，生物多様性に関しては，紙の調達における配慮にとどまっている．具体的には，紙の調達においては，紙製品の生産者と，伐採後に完全に再植林を行うことを含めた持続可能な森林管理を行うことを保障する契約を締結している．この契約は，同社グループ内のみならず，同社に印刷物を納入する業者にも適用されている．

(5)　バンコ・サンタンデール（Banco Santander）（スペイン；1,178億ドル；17.1万人）

　第5位のバンコ・サンタンデールは，国連グローバルコンパクト，UNEP FI，赤道原則に参加しており，これらの原則は，同社の社会環境方針に含まれ，ビジネス戦略の一部となっている．

　同社の社会環境方針は，高等教育の支援，社会的行動，環境保護の3つである．環境保護では，融資における社会環境面の分析を行うこととし，特にプロジェクトファイナンスにおけるリスク分析と意思決定プロセスを重視している．そこでは，赤道原則の順守が最初の目標であり，プロジェクトの社会環境への影響を回避し，影響が避けられない場合には，低減・緩和し，十分に代償することとしている．また，同社は，保護区での農業や水産業，保護されている又は保護価値が高い森林の伐採，第三者による生態学的認証がない原生木材の販売，保護されている動物種の販売などには融資しない方針である[26]．

---

(26) 同社は，社会環境報告書をHP上で公開しているが，ファイルが壊れていたため内容をチェックすることができなかった（最終確認2010年1月5日）．

IV 日欧米企業の取組の比較

　では，日本企業は，欧米企業に比べて，生物多様性への取組は遅れているのか，それとも進んでいるのであろうか？

　以下では，日本企業のCSRとしての生物多様性保全の取組みを欧米企業と比較する．

　CSRには様々な定義があるが，本書では，「企業活動のプロセスに社会的公正や倫理性，環境や人権への配慮を組み込み，ステイクホルダーに対してアカウンタビリティを果たしていくこと」（谷本，2006）という定義を用いる．

　日本でのCSRは，90年代後半のグローバリゼーションの加速化，国際的なNGO/NPOネットワーク化の進展，欧米における本格的なCSRへの取組み，といった潮流がわが国にも押し寄せ，日本企業にはいわゆる「外圧」となって迫ってきたものである（谷本，2003）．このため，日本企業のCSRについては，CSRの基本方針が決まらない中，社会貢献活動を中心にとりあえず出しやすい社会性項目だけを報告書に記載している企業も少なくないとの指摘がある（谷本，2004）．

　環境経営学会が2005年度に実施した日本企業23社のサステイナブル経営格付評価では，各社の環境側面への取り組みの中で，生物多様性保全への取組が最も遅れたものと評価された[27]（環境経営学会，2006）．しかし，これは，気候変動や廃棄物削減などの他の環境側面と比較した場合に言えることであって，日本企業の生物多様性への取組みが海外企業と比較して遅れているということを意味しない．

　このため，以下では，日本企業の生物多様性保全に対する取組を欧米企業と比較する．

---

[27] 到達水準の4（持続可能な水準に到達）を1，到達水準の0（持続可能な水準到達は困難）を0としたスケールで表すと，環境分野8側面の平均は0.84であったが，そのうち生物多様性の保全の側面は0.58であった（環境経営学会，2006）．

第3章　企業の役割と取組みの現状

1　調 査 方 法

　日米欧の企業の取組の現状を比較するためには，企業規模がある程度同じレベルの企業を比較する必要がある．このため，ややデータは古いが，ファイナンシャルタイムズ紙が2006年に公表した世界のトップ500企業[28]（以下「FT500」という）のうち，ホームページ上でサステイナビリティ報告書などを公開している企業245社を対象として見てみる（各社の報告書は，基本的には2005年暦年又は年度の実績の報告である）．

　生物多様性には，生態系の多様性，種の多様性，遺伝子の多様性が含まれているため（CBD第2条），報告書の中で，森林や湿地などの生態系の保全や植林活動などを記載し，生物多様性という用語を用いていない場合でもあっても，生物多様性保全の取組に含めた．

　また，評価に際しては，生物多様性への影響が直接的か間接的か，企業の取組がその企業としての本業か否かによって性格が異なるため，下記の3つに分けて比較することとした．

(1)　直 接 影 響

　企業の事業の実施により直接的に生物多様性へ与える影響である．資源の採取から，モノの生産，流通，使用，廃棄までのライフサイクルでの影響を考慮する．また，企業の事務所が存在する建物や工場などの敷地や所有地における生物多様性への影響も直接影響と考える．銀行については，融資する開発プロジェクトが生物多様性に与える影響を考慮することも直接影響と考えられる．CSRとしては，法令により保護区等に指定され開発行為が規制されている土地以外であっても，貴重な生物多様性が存在する土地の開発は回避することが求められている．

(2)　間 接 影 響

　企業がサプライヤーから資材や製品などを調達する場合，それらのサ

---

[28]　ランキングは企業の市場価値（市場価値は，株価に発行済みの株式数を掛けたもの，2006年3月31日時点）による．対象とする企業は，少なくとも15％の株式が市場で取引されている企業である．企業の国名と業種名は，当該企業が上場されている主な株式市場と業種による．

プライヤーが原料採取時などに生物多様性に与えている影響は，当該企業にとっては生物多様性への間接的な影響である．これに対する企業の対応としては，サプライヤーに生物多様性保全の行動を求めることや持続可能な資源管理の認証を受けた資材や製品を調達すること（サプライチェーンマネジメント）がある．

(3) 社 会 貢 献

企業の社会貢献として，本業外で生物多様性の保全に貢献するものをいう．企業の所有地の生物多様性を保全すること，従業員などが工場周辺での生物多様性保全活動や植林活動を行うこと，生物多様性保護団体へ寄付することなどがある[29]．

2 業種別の取組の比較

まず，業種別に企業の生物多様性保全への取組にどのような差があるかを見てみる（図3-1）．

(1) 直 接 影 響

サステイナビリティ報告書を公表している企業のうち生物多様性への直接影響に対する取組を行っている企業の割合は，公益事業，石油・ガス・鉱業，銀行及び材料・金属で高い．

石油・ガス・鉱業と材料・金属は，自然界の地中に存在する資源を採取するため，その実施場所及びその周辺の生物多様性に与える影響は大きい．多くの企業が，環境影響評価を実施し，資源の探索，生産，流通，生産終了後の撤去・環境再生に至るまでライフサイクルでの生物多様性への影響を最小化すること（代償措置を含む）を方針に掲げ，その具体

---

[29] 地球・人間環境フォーラムによると，日本企業は社会貢献活動として自然保護や植樹活動などは比較的熱心に行なってきた．しかし，例えば植樹活動においては，生物多様性の保全という観点からは問題のある活動も多く，単に緑や樹木を増やすことのみに熱心なあまり外来種を植樹したり，自生種であっても単一樹種のために生態系としては多様性に乏しく，他の生物に多様な住み処を提供することにはなっていなかったり，あるいはクローンを一斉に植樹するなどで種内の多様性はかえって低下していたりするなどの問題が見られるという．

第3章　企業の役割と取組みの現状

表3-1：FT500企業のうちサステイナビリティ報告書を公表した企業数と日米欧企業の内訳

	FT500企業(A)			サステイナビリティ報告書公表企業(B)			(B)/(A)（%）		
		日	米	欧	日	米	欧	日	米	欧
石油・ガス・鉱業	44	1	12	10	28	0	5	10	64	0	42	100
食品・飲料・タバコ	21	1	7	11	14	1	4	9	67	100	57	82
化学・医薬・バイオ	34	4	17	10	23	4	11	8	68	100	65	80
材料・金属	19	4	3	6	14	4	1	5	74	100	33	83
機械	80	14	44	17	46	13	15	15	58	93	34	88
その他の製造業	26	6	11	7	16	4	7	5	62	67	64	71
銀行	80	6	15	33	36	4	2	20	45	67	13	61
銀行以外の金融	53	7	28	14	14	6	1	6	26	86	4	43
公益事業	29	3	7	15	16	3	1	12	55	100	14	80
その他のサービス業	114	14	53	25	38	10	11	15	33	71	21	60
合計	500	60	197	148	245	49	58	105	49	82	29	71

注：「機械」は，航空宇宙，自動車・部品，電子・電機製品，福祉機器，石油機械，技術ハードウェア，産業エンジニアリング．「その他の製造業」は，家庭用品，レジャー用品，介護用品，個人用品，木材紙製品，一般産業製品．「銀行以外の金融」は，生命保険，生命保険以外の保険，一般金融．「公益事業」は電力，ガス，水道など．「その他のサービス業」は，ＩＴコンサルティング，メディア・通信・娯楽，小売，不動産，ソフトウエア・コンピュータサービス，サポートサービス，電気通信，小売，旅行・レジャー，運輸・倉庫，建設など．
（出所）筆者（宮崎）作成．

的な取組を記載している．

　鉱業は，鉱山活動のために自然を改変するが，その際には，生物多様性に与える影響を含めた社会環境への影響を調査し，その軽減を図るとともに，閉山後には自然の復元を行うこととしている．

　銀行は，多くが赤道原則を採用している（37行中，26行）．

　公益事業は，施設が比較的大規模となるため，その建設や利用により所有地や周囲の土地の生物多様性に与える影響が大きい場合がある．そのため，事業が生息地へ与える影響を最小化し，または改善するための管理計画を実施している．

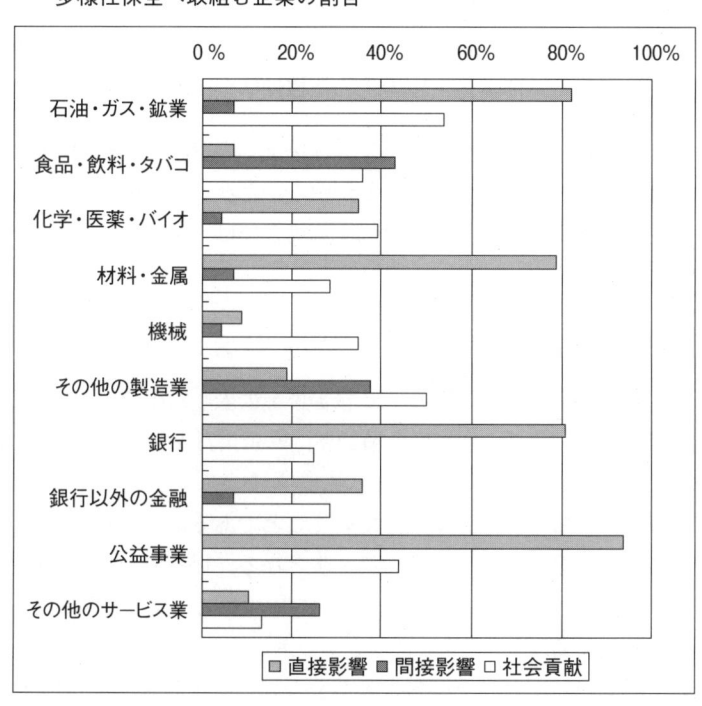

図3-2：サステイナビリティ報告書公表企業（245社）の中で生物
多様性保全へ取組む企業の割合

（出所）筆者（宮崎）作成．

(2) 間 接 影 響

　食品・飲料・タバコ，その他の製造業及びその他のサービス業では，間接影響への取組を行っている企業が多い．これらの企業は生物多様性に配慮した調達方針を取っており，具体的には木材，牛乳などについてサプライチェーンマネジメントを導入している企業が多い．また，多くの企業がFSCなどにより認証された森林からの紙・木製品を調達しており，さらにいくつかの企業はMSCが認証した魚を調達している．カカオやパーム油について取り組みを検討している企業もある．

(3) 社会貢献活動

　社会貢献については，直接影響と間接影響に比較すると，業種別の大

第3章　企業の役割と取組みの現状

きな差は見られない．内容としては，森林保全，植林，絶滅危惧種の保全，外部研究機関が実施する生物多様性に関する研究の支援，NGO/NPOが実施する生物多様性保全プロジェクトへの資金援助などである．自国内だけでなく，開発途上国の生物多様性保全に取り組む企業も多い．

　以上のように，世界企業の生物多様性保全への取組は，社会貢献を除き，業種によって大きく異なることが明らかとなった．従って，個別企業の生物多様性に対する取組を評価する場合には，業種ごとの事情を考慮する必要がある．

3　日米欧企業の比較

　FT500のうちサステイナビリティ報告書を公表した企業の割合を日米欧で比較すると（表3-1），米企業29％，欧企業71％に対し，日本企業は82％である．CSRは，定義で述べたように，ステイクホルダーに対してアカウンタビリティを果たしていくことであるため，サステイナビリティ報告書の公表はそのための第一歩となる．従って，この観点からすると，日本企業は欧米企業に比べてCSRに対し，より積極的に取組んでいると言える．

　次に，サステイナビリティ報告書を公表している企業のうち生物多様性保全への取組を行っている企業の割合を見ると，米企業64％，欧州企業62％に対し，日本企業は76％であり，日本企業の取組は全体としては欧米企業より積極的であるように見える．

　図3-3は，日米欧企業における生物多様性保全の取組を直接影響，間接影響及び社会貢献に分けて比較したものである．この図から，以下の2つのことが明らかとなる．

　一つ目は，日本企業では，社会貢献として生物多様性保全を実施する企業の割合が欧米企業に比べて高い．このことが，先に述べたように生物多様性保全に取組む日本企業の割合が全体としては欧米企業に比べて高い原因となっていることがわかる．しかしながら，日本企業の社会貢献の内容を見ると，工場近隣の森林の保全，植林活動などを実施した企業が20社を占めている．欧米企業では，このような活動を報告する企業

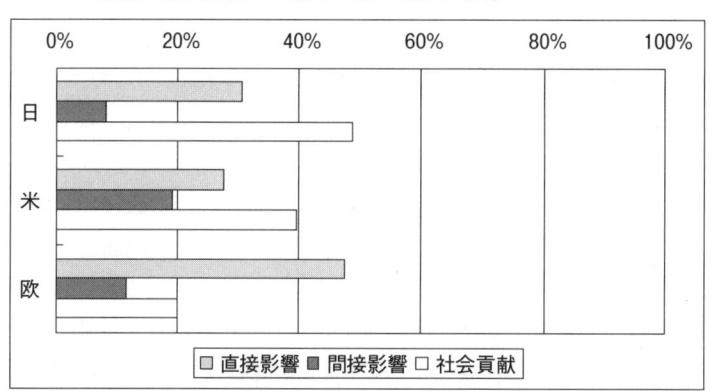

図3-3：日米欧のサステイナビリティ報告書公表企業（212社）における生物多様性保全に取組む企業の割合（%）

（出所）筆者（宮崎）作成

はそれ程多くない．従って，日本企業では，社会貢献活動を中心にとりあえず出しやすい社会性項目だけを報告書に記載している企業も少なくないとの指摘（谷本，2004）は，概ね当たっている可能性がある．このため，日本企業の生物多様性保全への取組が欧米企業より進んでいるとは必ずしも言えないであろう．

二つ目は，図3-3にあるように日本企業のサプライチェーンを通じた間接影響に関する取組は，欧米企業より明らかに遅れていることである．

以下，それぞれの要因について考察する．

4 考 察

それでは，日本企業は生物多様性の保全に対しどのように取組むべきなのであろうか．

まず，生物多様性に対する直接影響への取組について考える．日本企業では石油・ガス・鉱業など資源採取に係わる企業が欧米に比較して少ないため，直接影響に対する責任は相対的には小さいであろう．欧米各社のサステイナビリティ報告書によると多くの企業が直接影響を最小化

するための努力を行っている．これらの分野では，環境影響評価などの法規制が導入されて場合が多いと考えられ，その法令遵守は当然であるが，CSRにおいては，それ以上の倫理的な責任が問われる．しかしながら，直接影響の最小化への取組が進展するにつれて，そのための追加費用は逓増すると考えられるため，そのような自主的努力のみでは，生物多様性への影響をゼロに近づけることは困難であろう．

　次に，サプライチェーンを通じた間接的な影響への取組について考える．多くの欧米企業がサプライチェーンマネジメントに取組んでいる背景としては，NGO/NPOが途上国での環境破壊や人権問題を中心に企業活動に対する監視を強化する動きがあり，これらの動きに対応し，欧米の多国籍企業はいち早くCSRの考えを調達にまで取り入れようしていることが指摘されている（藤井）．

　日本においては，欧米に比較してNGO/NPOの監視がなかなか行き届かないのが現状であろうが，将来は彼らの持つグローバルなネットワークにより，状況は改善されるであろう．実際のところ，日本企業は多量の資源を開発途上国などから輸入しているため，間接的に原産国における生物多様性へ影響を及ぼしており，その保全に対する責任は欧米企業に比較して決して小さくはないうえ，欧米諸国のNGO/NPOの監視の対象となりうる．また，日本企業にとっても，原産国における持続可能な資源管理が進展すれば，それらの資源の安定的な入手が可能となって長期的には利益となるであろう．このため，日本企業は，欧米企業の取組以上に積極的にサプライチェーンマネジメントに取組む責務があると考えられる．

　しかし，上記のような，企業活動が生物多様性に与える影響を最小限にしようとするだけでは，マイナスをゼロに近づける活動でしかない（足立）．

　今後必要なのは，企業の社会貢献としての生物多様性保全活動が，生物多様性に対しプラスの影響を与えることである．

　日本企業における社会貢献活動は，これまで説明責任を問われない，本業と関連しない方法で森林保全や植林活動を中心に実施されてきた．しかしながら，本来企業の社会貢献とは，限られた経営資源を使ってど

のような活動を行うかという戦略性と株主を筆頭にステークホルダーに対してどう説明責任を果たすかというアカウンタビリティが問われるものである（谷本，2006）．

このため，日本企業がCSRとして今後の生物多様性保全への取組を考える場合の一つの案として，本業に関連しない社会貢献としてではなく，生物多様性への影響を，本業によるマイナスの影響と社会貢献によるプラスの影響を合計して評価することとし，その合計値をゼロとすることを目標に掲げてはどうだろうか．ただし，絶滅危惧種の代替は不可能であるから，この提案は土地の代替に限定される．上記の目標を掲げることにより，従来は社会貢献として行われてきた活動を目標達成のための戦略として位置づけることができるだろう．さらに，企業が生物多様性への全体の影響をプラスにすることができれば，それはまさに持続可能な社会の構築への貢献と言えるであろう（足立）．

このような取組の例としては，ブリストル・マイヤーズ（Bristol-Myers-Squibb）（米；医薬品）がある．同社は生物多様性の豊かな土地を購入し，永久に保全する方針を立て，企業活動のために用いている土地と同じ面積の土地を保全するという目標を立て，これを2005年に達成した[30]．

そのほか，単に団体へ寄付するだけでなく，NGO/NPO が実施する，企業として支援の必要性を感じる国内外の生物多様性の保全活動プロジェクトに資金援助することも一つの方法であろう．欧米企業ではこのような例は多い．

本節では，日本企業の生物多様性保全への取組は，欧米企業と比較して必ずしも進んでいるとは言えず，サプライチェーンマネジメントについては明らかに遅れていると結論付けた．

日本企業の活動が世界の生物多様性に及ぼしている影響は，間接影響を含めて考えると欧米企業と比較して決して小さいものではない．日本企業がCSRとして生物多様性への影響をゼロとする目標の達成に取組

---

[30] 同社のホームページ（http://www.bms.com/static/ehs/perfor/data/landus.html）による．

み，その成功例を世界に示すことができれば，世界的に懸念される生物種の大量絶滅の危機に対する一つの解決策を提示することになるであろう．

　また，これまで述べたような真に意義のある企業の取組みは，企業価値の向上につながるものであり，社会の中で高く評価されるべきであると考えられる．このことは，第5章の企業の取組みの評価基準の中で改めて取り上げる．

　次節では，企業が生物多様性保全になぜ取り組む必要があるのか，またどのような取組みをすべきなのか，先進的な国内外の企業の事例をもとに，企業にとってのリスクとチャンスという観点から考えてみたい．

V　企業の生物多様性戦略

　企業は，直接的にも間接的にも，生物の多様性に負の影響を与えている．また同時に原材料などの資源は生物多様性に依存している．よって，企業と生物多様性の関係は，「影響」と「依存」という二つの側面で捉えることができる．以下，この二つの側面における，企業にとってのリスクとチャンスについて考え，企業としての生物多様性への戦略的な取り組みについて考える．

1　企業にとってのリスク

　生物多様性保全に取り組まないことで生まれるリスクで顕著なものには，まず，社会からの批判が挙げられる．法規制に従うのは大前提であるが，法規制にはしばしば最低限のことしか定められていない．特に大企業には，「よき企業市民」として政府による規制以上のレベルの取り組みを求める声が社会に存在している．そのため，このような期待に対応しない企業は，社会からの批判を受けるリスクがある．

　例えば，多くの国では土地を改変するプロジェクトの実施前に環境への影響を評価する「環境アセスメント」を法制化している．この制度のもとでは，生物多様性保全の観点から重要な土地はできるだけ開発しな

いようにし，仮に開発する必要がある場合にはその影響を出来る限り軽減し，その結果として残る影響については，他の土地の生物多様性を回復・創出して代償することが求められている．米国やEUなどでは，この代償措置によって，事業の負の影響を相殺（オフセット）し，ネットでゼロ影響とすること（ノーネットロス）が義務化されている[31]．

ノーネットロスを導入していない日本などの国々の企業においても，欧米企業と同じように，法規制により，あるいは自主的にそれを目標とすることが早急に求められるようになる可能性は高く，そうした目標・方針を持たない企業は，批判の対象となるリスクが存在している．

また，もう一つの主なリスクとして，原材料となる生物資源の持続可能な管理がされていない場合に生じるリスクがある．生物資源を過剰に採取すると資源が枯渇化し，原材料の不足や，供給の不安定さにより，事業へ支障が出る可能性があるからである．また，持続可能でない原材料の調達の影響によって現地の生物が絶滅の危機に瀕したり，地域住民・先住民族の人権侵害などが起こると，そのような資源を購入する企業が，批判の対象となるリスクも存在している．

さらに，社会貢献活動も，注意して行う必要のある分野である．前述のように特に日本企業では，植樹や森林保全活動を社会貢献活動として行っている企業が多い．その一方で本業における生物多様性への負の影響を公表していない場合は，社会貢献活動は単なるＰＲ活動か，もしくは，本業での影響を隠すための，いわゆるグリーンウオッシュ（緑のメッキ）であると批判されるリスクがある．また，社会貢献活動も，実際の生物多様性への影響となると，適切に活動を行わない場合（例えば，植林する場合に単一樹種で行ったり，地域の固有種ではない外来種を用いる場合）には，かえって生物多様性への負の影響を出すこともあり得る．

2　企業にとってのチャンス

企業が自主的に生物多様性へ取組むことで生まれる主なビジネスチャ

---

(31) ノーネットロスについては，第7章で詳しく述べる．

ンスとしては，以下のものがある．

・株主，顧客，従業員などのステークホルダーから，生物多様性保全に貢献する「良い企業」であるとの評価が高まる．
・生物多様性への先進的な取組みがマスコミなどで取り上げられて，企業の知名度が上がる．
・社会的責任投資（SRI）の対象となって資金調達が容易になる[32]．
・原材料の調達が安定し，長期的な計画が可能となり事業に好影響を与える．
・将来，政府による規制が強化された場合に同業他社よりも迅速に対応できることで市場での優位性を確保できる．
・社会的な要請に応えるために努力する中で，資源消費の減少などによるコスト削減を実現したり，革新技術を開発する．
・NGO/NPOなどとの協働によって新たなビジネスのための情報収集やネットワーク作りが可能となる．

　本項では，企業にとっての生物多様性保全に対するインセンティブについて，さらに詳しく検討するため，企業のCSRとしての生物多様性への取り組みを以下の三つの活動に分け，企業がそれらの活動に取り組むことによって回避できるリスクと得られるチャンスを整理してみる．

(1) 直接影響の軽減
〈回避できるリスク〉
・生物多様性の保全のための法令や土地利用を規制する法令が変更されることによって，企業が保有する土地や今後開発しようとする土地の利用の規制が強化される場合がある．
・たとえ法的には開発可能とされている土地であったとしても，その開発によって希少な生物が影響を受ける場合には，その生物を保護したいとする市民やNGO/NPOから反対運動が起きる可能性がある．そのような活動が，企業の不買運動などに発展すると，株主，顧客，消費者などの企

---

[32] 投資家が，生物多様性などの地球環境問題に積極的に取り組む企業に対して投資したいとする理由は，倫理的な理由からの場合もあれば，そのような企業は将来成長し，利益を上げると予測する場合もあるといわれている．

業に対する信頼度が低下するおそれがある．

　このようなリスクをあらかじめ予見し，生物多様性に配慮し，開発規模の一部回避や縮小などを行っておけば，開発コストも，市民などの反対などに対応するコストも削減することができる．

〈得られるチャンス〉
・関係法令の変更については，他社に先駆けて対応することが可能となり，競争力が向上し，シェアが拡大する可能性が出てくる．
・生物多様性への影響が少ない工事方法や，生産プロセスなどの開発に結びつくことで技術革新が進み，将来のビジネスに結びつく可能性がでてくる．
・生物多様性への先進的な取り組みを行うことで，社会での評価が高まり，企業ブランドが確立する．
・従業員の意欲が高まる．また，優秀な人材の確保が容易となる．

(2) 間接影響の軽減

〈回避できるリスク〉
・原料の採取段階で持続可能でない管理が行われていると，過剰利用や乱獲などで，その資源の生産能力が長期的に減少し，資源の不足・枯渇が起きる．これによって事業継続が困難となる．
・資源採取に関する政府の厳しい規制が将来課せられると，資源の入手が困難となる．
・資源採取段階で，地域の人々の人権を無視したりその生活に脅威を与えるようになると，そのような人々による抗議行動が起き，資源採取の継続が困難となる可能性がある．

〈得られるチャンス〉
・資源が持続可能な管理がされれば，そのような資源の長期・安定的な確保が可能となる．
・資源採取段階での生物多様性の保全のため，資源の使用量が少ない製品や生産プロセスの開発などを行えば，技術革新につながる．
・持続可能な資源を調達する企業として社会の中で高く評価されることによって，企業ブランドが確立し，また，従業員の意欲が高まる．

第3章　企業の役割と取組みの現状

(3) 社会貢献活動

〈回避できるリスク〉

・特になし．

〈得られるチャンス〉

・直接的な対価を求めない「本業外」として行う保全活動は，様々な人々とのネットワークを構築することにつながり，そのような活動を通じて新たな商品開発のための情報収集・交換が可能となる．

表3-2：生物多様性保全活動によって回避できるリスクと得られるチャンス

CSR活動	回避できるリスク	得られるチャンス
直接影響の軽減	・政府の規制が将来課せられる可能性がある． ・影響を受ける人々やNGO/NPO等からの批判による評判の低下．この結果として，株主，顧客，消費者などからの信頼性低下や批判	・コスト削減（開発規模の一部回避や縮小などによる） ・技術革新（生物多様性への影響が少ない生産プロセスの開発など）． ・政府の規制に対し他社に先んじて対応できればシェアが拡大する ・企業ブランド・従業員の意欲の向上
間接影響の軽減	・資源の不足・枯渇によって事業継続が困難となる ・政府の規制が将来課せられる可能性がある． ・影響を受ける人々やNGO/NPO等からの批判	・原材料の長期・安定確保 ・技術革新（原材料の使用量が少ない製品や生産プロセスの開発など）． ・企業ブランド・従業員の意欲の向上
社会貢献活動		・新たなビジネスのチャンスとなる可能性がある（商品開発のための情報収集・交換，ネットワーク作りなど）． ・企業ブランド・従業員の意欲の向上

（出所）筆者（宮崎）作成

V 企業の生物多様性戦略

・適切な方法で行う社会貢献活動は，社会の中で高く評価されることによって，企業ブランドが確立し，また，従業員の意欲が高まる．

　以上のことを整理すると表3-2のようになる．

　しかし，ここで重大な問題がある．上記の表3-2に記載された項目の多くは，その取り組みによってどの程度の損害額となるリスクが回避できるか，又はどの程度の財務的な利益が生まれるかを予測することが難しいうえ，実施しても具体的な成果が出てくるには長期間を要する．一方，これらを実施するとなると短期的にはコストが発生する．これが，多くの企業のCSR活動の障害となっているのは明らかである．

　ボーゲルによると，CSR活動と企業の利潤は正の相関があるが，CSRが財務的な価値を生むという実証的な研究はない．また，CSRの取り組みから，財務的なメリットを得られるのは，①CSRが企業の戦略に組み込まれて市場で独自のブランドを確立している企業か，②社会的に著名なブランドを有しているためにNGO/NPO等からの批判によってそのブランドが傷つけられるおそれがある企業である．

　その理由は，社会的責任が経営戦略に組み込まれている企業においては，社会的責任の実施によってさらに企業のブランドイメージが高まることでより利益を上げることができるからである．逆に，ブランドイメージが高い大企業は，生物多様性などへの取組が不十分であるとNGO/NPOなどからの批判があると，イメージがダウンし，大きな経済的損失を被る可能性がある．そのようなリスクに備えるための費用はリスクマネジメントとして正当化することができるであろう．

　しかし，そのどちらでもない企業にとっては，上記のようなリスクも小さく，一方で，期待できるメリットも小さいため，生物多様性保全活動に自主的に取り組むことが企業利益に結びつく可能性は小さいと言わざるを得ない．ただ，日本の場合，ブランドを持たない中小企業の多くでも，地域に根ざした経営をしているところも多く，地域貢献という枠組みの中で生物多様性保全に取り組むという例は実際に存在している．

3 企業の生物多様性保全戦略

　企業が生物多様性に関するリスクを回避し，チャンスを拡大するためには，企業は経営戦略の中で，本業との関連において戦略的に生物多様性保全に貢献する活動を見出し，それを実行する必要がある．以下では，これまで述べたことを基に企業はどのような活動に取り組むべきかについて整理してみる．

(1) 経営方針

　本業の持続的な発展のため，また社会の一員（企業市民）として，生物多様性の保全への責任を果たすことを経営方針に組み入れ，それを公表する必要がある．経営方針に明確に書かれていない場合，仮に社会貢献活動として生物多様性保全活動を行っていたとしても，既に述べたようにグリーンウオッシュと理解される可能性が高い．

　経営方針の中では目標設定は不可欠である．さらにこの場合，設定した目標を達成するための計画を策定し，実施し，その成果を評価するために，定量的な評価指標を採用することが重要である．本書の第4章で提案する，重要ステークホルダーである市民の視点からの評価基準は，このために参考となる．

(2) 影響の把握とリスク分析

　本業と生物多様性との関わりにおいて影響と依存を把握し，それに基づいて生物多様性保全活動の自社にとってのリスクとチャンスを分析する必要がある[33]．

(3) 実施すべき活動の特定

　財務的・非財務的に関わらず，自社にとって費用対効果が高い活動を

---

[33] この方法としては，持続可能な発展のための世界ビジネス評議会（WBCSD）による「企業のための生態系サービス評価（ESR）―生態系の変化からビジネスリスクとチャンスを見つけるためのガイドライン」（2008年）が参考になる．http://www.hitachi-chem.co.jp/japanese/csr/report_esr/report_esr.pdf（邦訳版）

特定し，その達成目標を設定する必要がある．その活動の実施は，環境マネジメントシステムに組み込み，PDCAのサイクルで行うべきである．なお，監査においては，目標の達成度とその費用対効果を評価基準とするべきであろう．

(4) ステークホルダーとの協働

生物多様性は公共財産であるため，企業は，特にこの分野においては，株主，顧客，従業員などに加え，一般市民やその代表であるNGO/NPOを，重要ステークホルダーと捉え協働関係を構築する必要がある．特に，ある地域での生物多様性保全に企業として貢献しようとすると，その地域で自然保護活動を行う市民などの協力を得ることは不可欠である．このような協働によって，企業のみでは見逃しがちな生物多様性保全上の問題点を先行して特定し，生物多様性への影響というリスクを低減することができる．また，このような協働を通じて得られるノウハウを元に新たなビジネスにつなげるチャンスを獲得することができる．NGO/NPOと協働することで，彼らの専門知識や経験を活用できるうえ，最新の情報とネットワークを持つ彼らとの対話を通して，社会の潜在的なニーズを先がけて拾うことができるからである．

以上，本節では，生物多様性を保全するための企業の役割と，その具体的事例を通じて企業が保全に取り組む場合のリスクとチャンスを分析し，最後に企業が戦略的に保全活動に取り組むための方法について述べた．

人類共通の財産である生物の多様性を，未来の世代に残していくために，今，政府，企業，市民という社会全体で保全に取り組まなければならない時が来ている．いつの時代でも，新たな社会的な課題に対し，革新的な解決策を提示して実行する企業の役割は非常に大きい．また，企業の発展は，社会や環境の持続可能性なしにはありえない．しかし，企業が持続可能な社会と環境の実現のために自主的に取り組む際には様々な障害もある．また，CSRによる生物多様性への取り組みは，一部の企業が自主的に取り組むだけでは，生物多様性保全に向けて一定の貢献

はできても，その損失速度を顕著に減少させるとするCBD2010年目標に対して大きく貢献することは難しいと考えるべきであろう．このため，企業が自主的にこれらに取り組めるよう，企業に対し十分なインセンティブを与える仕組みを形成していくことが，今後の検討課題であろう．

　企業が生物多様性保全についてまずは目標を設定し，それを実現するための計画策定，実施，評価を効率的・効果的に行うためには，客観的な評価基準が不可欠である．そこで，次章では，重要なステークホルダーである市民の視点からの評価基準について述べる．

第4章 企業の取組みの評価

　企業の社会的責任（CSR）として生物多様性保全に取り組む企業の数自体は増えてきているが，そうした取組が生物多様性の保全へ実際どの程度貢献するのか，という点は明らかではない．これは，生物多様性への取組みを評価する客観的な基準がないためである．

　本章では，企業の生物多様性の関する活動を，企業にとって主要なステークホルダーの一つである市民の視点から評価する場合の基準として，著者がFoE Japan客員研究員として参加した「企業の生物多様性に関する活動の評価基準作成に関するフィージビリティー調査」（2008年度環境省請負調査）の概要を紹介する．詳しくは，上記報告書を参照していただきたい[34]．

I 企業の取組みの評価基準

　企業が自主的にかつ戦略的に生物多様性の保全に取組むためには，抽象的な方針を定めるのみでは十分ではない．具体的な目標設定，目標達成のための計画の策定，計画の実施，その進捗のモニタリング，評価，更に計画の改善を行うための体制を構築する必要がある．このため，企業はISO14001のような環境マネジメントシステムの中で生物多様性のための取り組みを統合していくことが極めて重要である．

　このような企業のマネジメントがうまく行われるためには，その対象となるものが，客観的・定量的に把握できるものでなければならない．しかし，生物多様性は，多面的でありかつ科学的な不確実さから，気候

---

(34) この報告書は，以下のサイトでダウンロードできる．
　http://www.foejapan.org//forest/biodiversity/090408.html

第4章 企業の取組みの評価

変動における温室効果ガスの排出量や，廃棄物対策における最終処分量やリサイクル率のような単一の指標を設定することが困難である．

現在，ISO（国際標準化機構）などのマネジメントシステムに関する基準や，FSC（森林管理評議会）など生物多様性の特定セクターに関する基準は存在しているが，生物多様性に関する企業の活動を第三者が客観的に評価する包括的な基準は存在しない．

したがって，企業の生物多様性の保全への取り組みを評価する指標とその評価基準を明らかにすることが緊急の課題である．

以下は，第3章で記述した国内外の指針や具体的な企業の取組事例を基に検討された，市民の視点から企業の取組を評価するための基準である．

最初に，このような評価基準を理解する上で前提となる，企業が生物多様性保全に取り組む場合の基本となる概念を説明する．

1 基本的概念

企業の生物多様性に関する活動が生物多様性の保全に関して正しい認識のもとで行われなければ意味がないため，本評価基準では企業は次の5つの基本的概念に基づいて保全の取組みを行うことを前提としている（これらは基本的には生物多様性条約などで既に確立した概念であるが，一部は独自の解釈を入れたものもある）：

(1) 企業の生物多様性保全における責務
(2) 予防的アプローチと順応的管理（生物多様性に内在する科学的不確実性を前提とする考え方）
(3) 生態系，生息地の保護
(4) 先住民族と地域社会の重要性
(5) 生物資源の利用から生じる利益の公正かつ公平な配分

なお，市民の視点からは，特に，上記(4)における市民やNGO/NPOなどのステークホルダー参画，先住民族や地域住民の権利や，(2)の予防的アプローチなどは基準全体を通して重要なものである．

上記の基本的概念について，以下で概要を説明する．

(1) 企業の責務

　既に述べたように，企業は社会の中で活動し，社会と環境に対し大きな影響を与えている．また，企業活動は，健全な社会・環境なしには存続しえない．このため，企業は社会と環境に対し責任のある「良き企業市民」として行動することが求められる．特にグローバリゼーションが進展した現代においては，企業は，国内のみならず海外においても，持続可能な発展[35]の実現に向けて，自らの責務と社会からの期待を自覚し，自主的に社会と環境に対する負の影響を減らし，正の影響を高めていくことが不可欠である．

　このことは，人類の生存基盤であり，人間活動によって著しく減少している生物多様性の保全についても，当然のことながら当てはまる．

　生物多様性は，人類共通の公共財であり，企業が営利目的の活動により持続不可能な形で利用したり，破壊したりしてはならない．これを防止するために設けられるべきなのが政府の規制であり，実際にはある程度実施されてはいるが，規制には行政コストがかかり，また，すべての好ましくない行為を効果的に規制することができない．このため，企業の自主的努力が求められるというわけである．また，企業活動の多くが，その事業活動を生態系が提供するサービス（原材料としての生物資源や水などの利用，観光資源としての自然，廃棄物の自然界での処理，生物を模倣した新たな技術開発など）に依存している．よって企業は，生物多様性という公共財を保護するためにも，自社の企業活動の基盤を維持するためにも，生物多様性の保全と持続可能な利用に最善を尽くすべきである．

　このため，具体的には，企業は，自然の生態系を改変する事業を実施する場合には，その地域の生物多様性とそれに関連する市民の生活や文化に対する負の影響を事前にできるだけ把握し，その影響を回避又は低

---

[35] 持続可能な発展（Sustainable Development）は，環境と発展（開発）に関する世界委員会（WCED）の1987年の報告書「我ら共有の未来」（Our Common Future）に用いられ，1992年の環境と発展（開発）に関するリオデジャネイロ宣言の原則に採用されたもの．①生態系の保全など自然条件の範囲内での環境の利用，②世代間の公平（将来世代のニーズを損なわないこと），③世代内の公平（南北間の公平や貧困の克服など）の３つを含んでいる．

減するべきである．

　また，企業は，サプライヤーからの原材料や製品の購入を通じ，また，製品の販売を通じ，間接的に生物多様性へ負の影響を与えている．このため，自社の直接の活動による生物多様性への影響のみならず，そのサプライチェーンを含めたバリューチェーン[36]において生物多様性へ与える影響を回避又は低減するよう努めるべきである．

　また企業は，生物多様性が豊かな自然を改変したり，それらを劣化させる方法によって得られる天然資源をできるだけ使用しないこと，すなわち省資源を図ることが重要である．

　生物多様性に対する企業の責任について，現状の法制度ではどのように規定されているかについては，第3章Ⅰ，Ⅱを再度見ていただきたい．

(2) 予防的アプローチと順応的管理

　自然界で生物多様性が維持されているメカニズムには，科学的に未解明の部分が極めて大きい．地球上で存在する種の中で既知となった種はわずかであり，そもそもどのくらいの未知種が存在するかについての正確な予測はできていない．生物多様性は科学的な解明がどれ程進んだとしても未知の領域は残り，本質的に不確実なものである（人間が科学的に完全に理解することは無理）．このような科学的な不確実さがあるため，生物多様性保全においては，以下に述べるような予防的アプローチと順応的管理が必要不可欠である．

　予防的アプローチは，ある物質や活動が環境に重大で不可逆的な影響を与えるおそれがある場合，影響を与えることを証明する科学的証拠が不十分な場合でも，そのおそれを回避するため，または最小にするための措置をとることを延期する理由とすべきではないという考え方である．

　種が絶滅してしまうと取り返しがつかないし，そのような種が生態系

---

[36] 本書では，サプライチェーンは，製造の川上の原材料の採取までに至る企業，個人など（以下「企業等」という）との連鎖をいう．バリューチェーンは，川上と川下の両者を含めた企業等との連鎖をいう（川下においては，企業等には最終消費者や，廃棄物処理業者までも含まれる）．

の中でどのような役割を果たしているのかを正確に知ることはできないため，生物多様性は，まさに予防的アプローチを採用すべき対象である．

生物多様性条約の前文では，「生物の多様性の著しい減少又は喪失のおそれがある場合には，科学的な確実性が十分にないことをもって，そのようなおそれを回避し又は最小にするための措置をとることを延期する理由とすべきではない」としている．

また，日本の生物多様性基本法（2008年）においては，「科学的知見の充実に努めつつ生物の多様性を保全する予防的な取組方法」により対応すべきことを規定している（3条3項）．

順応的管理は，生態系の保全管理の原則の一つである．生態系の反応は非常に複雑であるため，我々の知識が進んだとしても，生態系がどのように変化していくかを正確に予測することはできない．したがって我々は，より良く保全管理するために継続的に学ぶ必要がある．このため生物多様性の保全管理は，実験として取り組むべきであり，不確実さに関してはある結果が生じたら，それに対し柔軟に対応するという順応的対応が必要不可欠である．

生物多様性基本法（2008年）においては，事業等の着手後においても生物の多様性の状況を監視し，その監視の結果に科学的な評価を加え，これを当該事業等に反映させる順応的な取組方法により対応すべきとしている（第3条3項）．

(3) 生態系，生息地の保護

先に述べたように，生物種の保全のためには，（種内の多様性を保全するための）地域の個体群とそれらが生息する多様な生態系を保全する必要がある．また，その保全は，自然の生息地における保全（生息域内保全）が望ましいことは言うまでもない．このため，生物多様性条約では，「生物の多様性の保全のための基本的な要件は，生態系及び自然の生息地の生息域内保全並びに存続可能な種の個体群の自然の生息環境における維持及び回復である」（前文）としている．

生息域内での保全については，生物多様性条約第8条では，①保護地

域の制度の確立，②重要な生物資源についての規制・管理，③生態系・生息地の保護や，存続可能な種の個体数の維持，④保護地域の隣接地（保護地域が外部からの影響を直接受けないようにバッファーゾーンとして重要な地域）の開発における環境上の配慮，⑤劣化した生態系の修復・復元，脅威にさらされている種の回復，⑥バイオテクノロジーによって改変された生物の規制，⑦外来種の導入防止・駆除などを求めている．

(4) 先住民族と地域社会の重要性

　世界の多くの地域では，生物多様性から得られる生物資源に依存する伝統的な生活を行い，地域に特有な生物資源が独自の伝統文化の基盤となっている先住民族が今なお存在する．また，地域住民もその地域の生物多様性の恩恵に依存し，地域独自の文化の基盤を得ている場合が多い．そのような地域の生物多様性は，そこに住む先住民族や地域住民の活動によって支え守られているといえる．したがって，地域の生物多様性を保全することは，そこで生活している人たちの「文化」や「伝統」を守ることでもある．

　生物多様性条約においても，このような先住民族社会や地域社会の保持する知識，工夫，慣行などは，尊重，保存，維持すべきである，とされている（第8条(j)）

　しかし，先住民族や地域住民の人権が十分尊重されていない国が未だ存在するのが現実である．多くの開発途上国においては，農業開発やインフラ整備などの経済開発によって自然破壊が進んでいる．最近では，地球温暖化対策として実施されるバイオ燃料の開発や炭素吸収源対策としての植林なども地域の生物多様性へ大きな影響を与えている．

　このような自然破壊が生じると，その結果，その地域の生物多様性に生活の糧を依存する先住民族や地域住民は生活の基盤を失うことがある．このような問題は，彼らが他の地域に移住し，そこでの開発圧力を高めることになったり，生活のために野生動植物の乱獲など生物資源の持続可能でない利用を進めたりする原因となり，生物多様性の劣化の加速化に繋がることがある．このような問題への対応は，国際社会が目指している持続可能な発展を実現するための主要な課題となっている．

以上のことから，企業が自然の土地を改変する事業を実施する場合には，生物多様性のみならず，その地域に住む先住民族や地域住民の生活や文化などに対する影響を事前に把握し，その影響を回避・最小化・代償を行うとともに，事後のモニタリングを行い，必要な是正措置を講じることが求められる．

(5) 生物資源の利用から生じる利益の公正かつ公平な配分

　生物多様性の構成要素である生物資源[37]の持続可能な利用は，生物多様性条約の目的の一つである．これを実現するためには，生物資源を提供する地域において当該資源が長期的に減少しないような持続可能な管理を行うことが不可欠である．このような管理は地域住民の負担によって行われていることから，そこで得られる資源を利用する者（先進国企業など）は，その利用から得られる商業的利益を地域住民と公正かつ公平に配分すべきである．そうでないと，地域住民は，持続可能な資源管理を継続して行うことができず，資源は枯渇してしまう可能性がある．

　生物多様性条約では，遺伝資源[38]の利用から生ずる利益（benefit）の公正（fair）かつ公平（equitable）な配分をこの条約の関係規定に従って実現することを第3の目的としており（第1条），利益配分は，遺伝資源に限定している．しかし，上述の理由により，例えば農作物などの生物自体の利用においても，利用国はその利用から得られる利益の公正かつ公平な配分を行うべきである．

　以上の基本的概念を踏まえて作成されたものが，以下の企業の生物多様性に関する活動を評価するための基準である．

　本評価基準では，企業の活動を，マネジメントの側面とパフォーマン

---

[37] 生物多様性条約では，「生物資源には，現に利用され若しくは将来利用されることがある又は人類にとって現実の若しくは潜在的な価値を有する遺伝資源，生物又はその部分，個体群その他生態系の生物的な構成要素を含む」とされている．（第2条）

[38] 「遺伝の機能的な単位を有する植物，動物，微生物その他に由来する素材」であって，「現実の又は潜在的な価値を有するもの」である（生物多様性条約）．

スの側面の2つに分けている．以下，この二つの区分について述べる．

a) マネジメント評価基準

市民やNGO/NPOなどが外部から企業のマネジメントを評価する場合には，企業が生物多様性保全のための適切な理念や方針を掲げているか，その方針を実現するために必要な社内体制を構築しているか，さらに，その体制に下で，適切に計画を実施し，点検し，継続的に改善しているかを評価することになる．しかし，このようなマネジメントの評価においては，企業が実際に生物多様性へ与えている影響やそのマネジメントの結果としての改善レベルは問わない．このため，企業の取り組みを全体として評価するためにはマネジメント評価に加え，次のパフォーマンス評価が不可欠である．

b) パフォーマンス評価基準

パフォーマンス評価基準は，企業がその活動や取り扱う製品のライフサイクル全体において生物多様性へ与える影響を評価するための基準である．その評価対象とする影響には土地の改変など直接的なものと，原材料調達など間接的なものがある．しかし，生物多様性の「状態」（例：当該地域に生息する生物種の数と種ごとの個体数）の変化を測定することは非常に難しいため，パフォーマンス評価は，企業活動が生物多様性に与えている影響の大きさを明らかにすることによって行うことが現実的である．

図4-1は，本評価基準の一覧図である．
以下は，各基準及びそれに関する概要説明である．

2　マネジメント評価基準

◇ **基準M1　企業の経営方針に生物多様性の保全を組み込むとともに，その方針に基づく目標と計画を策定していること**

前述の7つの概念に基づいた生物多様性（用語としては「生態系」などを用いる場合もあるであろう）の保全を経営方針そのものに組み込み，その方針に基づき，目標と計画を作成していることを評価するものである．

Ⅰ　企業の取組みの評価基準

図4-1：企業の生物多様性に関する活動の評価基準案

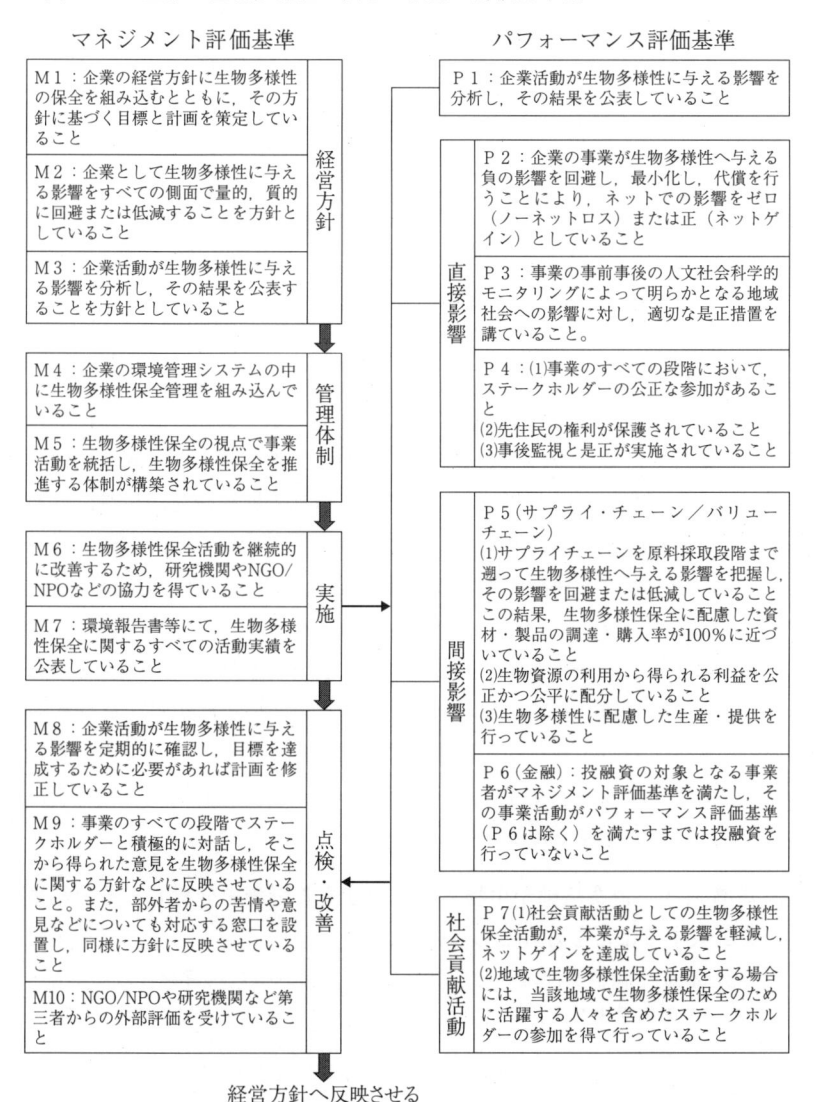

マネジメント評価基準

- M1：企業の経営方針に生物多様性の保全を組み込むとともに，その方針に基づく目標と計画を策定していること
- M2：企業として生物多様性に与える影響をすべての側面で量的，質的に回避または低減することを方針としていること
- M3：企業活動が生物多様性に与える影響を分析し，その結果を公表することを方針としていること

（経営方針）

- M4：企業の環境管理システムの中に生物多様性保全管理を組み込んでいること
- M5：生物多様性保全の視点で事業活動を統括し，生物多様性保全を推進する体制が構築されていること

（管理体制）

- M6：生物多様性保全活動を継続的に改善するため，研究機関やNGO/NPOなどの協力を得ていること
- M7：環境報告書等にて，生物多様性保全に関するすべての活動実績を公表していること

（実施）

- M8：企業活動が生物多様性に与える影響を定期的に確認し，目標を達成するために必要があれば計画を修正していること
- M9：事業のすべての段階でステークホルダーと積極的に対話し，そこから得られた意見を生物多様性保全に関する方針などに反映させていること。また，部外者からの苦情や意見などについても対応する窓口を設置し，同様に方針に反映させていること
- M10：NGO/NPOや研究機関など第三者からの外部評価を受けていること

（点検・改善）

経営方針へ反映させる

パフォーマンス評価基準

- P1：企業活動が生物多様性に与える影響を分析し，その結果を公表していること
- P2：企業の事業が生物多様性へ与える負の影響を回避し，最小化し，代償を行うことにより，ネットでの影響をゼロ（ノーネットロス）または正（ネットゲイン）としていること
- P3：事業の事前事後の人文社会科学的モニタリングによって明らかとなる地域社会への影響に対し，適切な是正措置を講じていること。
- P4：(1)事業のすべての段階において，ステークホルダーの公正な参加があること
  (2)先住民の権利が保護されていること
  (3)事後監視と是正が実施されていること

（直接影響）

- P5（サプライ・チェーン／バリューチェーン）
  (1)サプライチェーンを原料採取段階まで遡って生物多様性へ与える影響を把握し，その影響を回避または低減していること。この結果，生物多様性保全に配慮した資材・製品の調達・購入率が100％に近づいていること
  (2)生物資源の利用から得られる利益を公正かつ公平に配分していること
  (3)生物多様性に配慮した生産・提供を行っていること
- P6（金融）：投融資の対象となる事業者がマネジメント評価基準を満たし，その事業活動がパフォーマンス評価基準（P6は除く）を満たすまでは投融資を行っていないこと

（間接影響）

- P7(1)社会貢献活動としての生物多様性保全活動が，本業が与える影響を軽減し，ネットゲインを達成していること
  (2)地域で生物多様性保全活動をする場合には，当該地域で生物多様性保全のために活躍する人々を含めたステークホルダーの参加を得て行っていること

（社会貢献活動）

（出所）FoE Japan

95

第4章　企業の取組みの評価

◇ 基準M2　企業として生物多様性に与える影響をすべての側面で量的，質的に回避または低減することを方針としていること

　企業活動が量的に増大した場合でも，生物多様性に与える影響の総量の拡大を防ぎ，様々な努力によってそれを低減する方針があることを評価するものである．

　このようなことが現実に可能かどうか疑問に思われる読者もおられるかもしれない．下記は，企業が生物多様性へ与える影響をそれに相当する自然の土地を保全することにより，生物多様性へのネットでの影響を総量として軽減することを企業の方針として採用している例である．

- リオ・ティント（英／豪の鉱山会社）は，生物多様性へのネットでの正の影響を与えることを経営方針に掲げている．
- ブリストル・マイヤーズ・スクイブ（米の製薬会社）は，同社が操業している地域の生物多様性の豊かな土地を購入し，永久に保全することとしており，2010年までに自社の研究開発，生産，流通や事務所のために使用している土地の世界全体での総面積と同じ面積の土地を保護することを目標とし，2006～2008年では，この目標を達成している（Bristol-Myers-Squib社のHP[39]）．
- ウォール・マート（米，小売業）は，土地へのフットプリント（負荷）を相殺（オフセット）するため，2005年4月から，自社が占有している土地及び2015年までに開発する予定のすべての土地の面積に対し，少なくても同じ面積の重要な野生動物の生息地を永久に保全する計画を進めている．

◇ 基準M3　企業活動が生物多様性に与える影響を分析し，その結果を公表することを方針としていること

　企業活動が生物多様性に与える影響を直接影響や間接影響を含めて調査・分析し，その結果を公表する方針を有していることを評価するものである．

◇ 基準M4　企業の環境管理システムの中に生物多様性保全管理を組み込んでいること

　企業が既に構築し運用しているISO14001などの環境管理システムの中に生

---

(39)　2010年1月10日確認．

物多様性保全に関する方針に基づく保全管理を組み込んでいることを評価するものである．

◇ 基準 M 5　生物多様性保全の視点で事業活動を統括し，生物多様性保全を推進する体制が構築されていること

　企業が生物多様性保全管理を実施するための社内体制が構築されていることを評価するものである．

◇ 基準 M 6　生物多様性保全活動を改善するため，研究機関や NGO/NPO などの協力を得ていること

　生物多様性の保全は，専門的な知識や経験なしには実施不可能であることから，外部の研究機関や NGO/NPO の協力を得ていることを評価するものである．

◇ 基準 M 7　環境報告書等にて，生物多様性保全に関するすべての活動実績を公表していること

　企業の生物多様性保全活動のすべての実績を公表していることを評価するものである．

◇ 基準 M 8　企業活動が生物多様性に与える影響を定期的に確認し，目標を達成するために必要があれば計画を修正していること

　生物多様性には科学的な不確実性があり，生物多様性に影響を与える企業は，その保全のために，予防的アプローチと順応的管理を採用しなければならない．そこで，企業活動が生物多様性へ与える影響を定期的に社内で確認し，その結果，目標の達成のために不十分な点があれば，それを改善するために計画を変更していることを評価する．

◇ 基準 M 9　事業のすべての段階でステークホルダーと積極的に対話し，そこから得られた意見を生物多様性保全に関する方針などに反映させていること．また，外部者からの苦情や意見などについても対応する窓口を設置し，同様に方針に反映させていること．

　事業の企画段階から実施，終了後のすべての段階でステークホルダーと積極的に対話し，また，外部者からの苦情等に対応する窓口を設置し，得られた意見を関連方針に反映していることを評価するものである．

◇ 基準 M10　NGO/NPO や研究機関など第三者からの外部評価を受けていること

　生物多様性保全に関する活動全般にわたって，NGO/NPO や研究機関などの，直接的な利害関係がない第三者からの外部評価を受けていることを評価するものである．

3　パフォーマンス評価基準

◇ 基準 P1　企業活動が生物多様性に与える影響を分析し，その結果を公表していること

　環境アセスメントを包括的に，適切に行い，その結果を公表していることを評価するもの．企業活動が生物多様性に与える直接的・間接的な影響の両方を調査・分析し，結果を公表していることを評価するものである．

◇ 基準 P2　直接影響（生物多様性への影響）：企業の事業が生物多様性へ与える負の影響を回避し，最小化し，代償を行うことにより，ネットでの影響をゼロ（ノーネットロス）または正（ネットゲイン）としていること．

　企業が土地を改変し利用する場合，対象となる土地や周辺の土地の生物多様性に，負の影響を与える．こうした負の影響を軽減する「ミティゲーション（緩和）」には，回避，最小化，代償という種類と優先順序があるが，この義務は，米国，ヨーロッパ，オーストラリアなど多くの国の環境アセスメント関連制度において既に法制化されている．

　本基準は，法的な義務がなくとも，自主的にミティゲーションを実施し，その結果として生物多様性へのネットでの影響をゼロ（ノーネットロス）または正（ネットゲイン）としていることを評価するものである．

　この場合，まずは環境アセスメントを行い，生物多様性の保全上重要な地域では影響を回避する努力を行うことが第一に求められる．その際，事業による環境影響範囲の明確化が必要で，二次的あるいは累積的影響についても考慮しなければならない．また，開発の対象となる土地が，国際条約や国内法令に基づく自然保護区などや，NGO/NPO などが指定する保護価値が高いとされる地域に該当しないかどうかの確認も必要であり，該当する場合は開発を回避すべきである．また，IFC（国際金融公社）の「社会と環境の持続可能性に関するパフォーマンス基準」で定められている「危機的な状況にあ

る生息地」についても，できるだけ回避すべきである．

その後，回避できない影響を最小化した後に残る影響に対して「代償（オフセット）」を行うものとする．この際，回避，最小化，代償の質及び量を，定量評価をすることが求められる．本基準は，それらの結果としてネットでの影響がゼロ（ノーネットロス）または正（ネットゲイン）となることを評価するものである．

本基準においては，ネットでのロスを測定するために，どのような評価手法を用いるかが検討課題である．先進事例を有する米国等で用いられているハビタット評価手続き（HEP）などの手法を適用することが考えられるが（第7章Ⅱ3参照），今後，日本での適用に当たっては，海外事例を調査し，国情や環境等の差異を十分検討した上で，日本に適した評価方法を検討する必要があるであろう．

◇ **基準P3　直接影響（地域社会への影響）：事業の事前事後の人文社会科学的モニタリングによって明らかとなる地域社会への影響に対し，適切な是正措置を講じていること．**

生物多様性の保全は，その生物多様性に依存している地域社会へ与える影響も十分に考慮しなければならない（具体的には生物の多様性の持続的な利用に基づく伝統的生態学的知識や技能，祭礼，遊び仕事，コミュニティの存在など）（鬼頭）．本基準は，事業によってそのような負の影響が生じる場合には，適正な是正措置を講じていることを評価するものである．これは，生物多様性条約の前文にも見られるように，特定の地域社会の生物多様性の保全は，そこに生活している人たちの「文化」と「生活」を守ることであるという概念に基づいている．

企業は，事業実施前にその事業が地域社会へ与える影響を適切に調査・予測し，代替案の比較検討を含め，影響を回避，最小化，代償するために行った検討内容を計画決定の前に公表することが求められる．そのうえで，NGO/NPO等のステークホルダーと対話し，その結果を踏まえて計画を修正し，この概要を公表していることが求められる．

この基準の検討課題は，人文社会科学的モニタリングの評価手法が確立されていないことであり，今後さらに研究が必要である．

◇ **基準P4　直接影響（ステークホルダーの参加と事後監視）：**
(1) 事業のすべての段階において，ステークホルダーの公正な参加が

あること
(2) 先住民族の権利が保護されていること
(3) 事後監視と是正が実施されていること．

　事業の計画段階から終了後まで，すべての段階におけるステークホルダーの参加，先住民族の権利保護，事後監視と是正を実現していることを評価するものである．ステークホルダーとしては，特に先住民族，地域住民，NGO/NPO が重要と考えられ，先住民族の権利については，「先住民族の権利に関する国際連合宣言（2007）」などを参照すべきである．公正な参加のために，事前の十分な関連情報の提供に基づく自由意志による同意が必要である．

◇ 基準P5　間接影響（サプライチェーン／バリューチェーン）：
　企業は，自社の川上，川下に位置する他社を含む流通経路を通じて，原材料や製品の調達，製品の生産やサービスの提供を行っている．企業は，このような他社との関係を利用し，協力して生物多様性保全に配慮する責任があると考えられる．
　具体的には，以下の3つの基準で評価する．

P5―(1)　サプライチェーンを原料採取段階まで遡って生物多様性へ与える影響を把握し，その影響を回避または低減していること．この結果，生物多様性保全に配慮した資材・製品の調達・購入率が100％に近づいていること．

　まず，サプライチェーンを原料採取段階まで遡って把握し，その中で生物多様性に与える影響を確認していることを評価する．この場合の判断基準としては，本評価基準P1～4を用いることが望ましい．次に，上記の調査結果により，著しい負の影響が認められた場合，そのサプライヤーからの購入を回避し，回避が現実的には不可能な場合にはサプライヤーへの働きかけ・支援によりその影響を最小化していることを評価する．
　さらに，生物多様性保全に配慮した資材の調達・購入率が100％となることを目標とし，それに近づいていることを評価する．具体的には，サプライチェーンを遡って調査した結果として明らかとなる，「生物多様性保全に配慮した資材・製品の購入額（年合計）」が，全ての資材・製品の購入額（年合計）に占める比率によって評価する．なお，企業は，生物多様性保全に配慮した資材・製品の調達・購入率を環境報告書等で公表していることが求められる．

この基準の課題として挙げられるのは，個別の企業が，すべての原材料についてサプライチェーンを原材料採取段階まで遡ってその生物多様性への影響を調査することは現実的には非常に難しいということである．このため，主要な原材料ごとに主要なサプライヤーの生物多様性への影響に関する情報を収集することが考えられる．

　新規の資源投入が少ない製品や，長期使用，リユース，リサイクルが容易な製品の開発も，結果的に原料採取段階における生物多様性への影響を緩和するものである．製品設計においては，このような生物多様性への影響を考慮することが重要である．その意味で，ライフサイクルアセスメント（LCA）において生物多様性への影響を評価できるような手法の開発も必要であろう．

P5─(2)　生物資源の利用から得られる利益を公正かつ公平に配分していること

　生物多様性条約では，「遺伝資源の利用から生ずる利益の公正かつ衡平な配分をこの条約の関係規定に従って実現すること」（第1条）が目的の一つである．これを踏まえ，農作物を含めた生物資源の利用においても，利益の公正かつ公平な配分を行うべきであるとの考え方に基づき，それを評価するものである．具体的には，本基準を満たす生物資源の購入額（年合計）が，当該企業の全ての生物資源の購入額（年合計）に占める比率によって評価する．

P5─(3)　生物多様性に配慮した生産・提供を行っていること

　企業が，川上だけでなく川下において生物多様性へ影響を与えないように配慮された製品を生産・提供していることを評価するものである．生産・提供する生物多様性保全に配慮した製品の金額（年合計）が，全ての生産・提供額（年合計）に占める比率によって評価する．この場合，金額額に代えて，品目数や重量を用いることも考えられる．なお，企業は，生物多様性に配慮した生産・提供を行っている場合には，その概要や全社の生産に占める比率を環境報告書等で公表していることが求められる．

◇基準P6　間接影響（金融）：投融資の対象となる事業者がマネジメント評価基準を満たし，その事業活動がパフォーマンス評価基準（P6は除く）を満たすまでは投融資を行っていないこと．

　民間金融機関が民間事業を含めたあらゆる投融資の際に，その事業者が本基準のマネジメント評価基準を満たしていることを確認し，さらに，その事

業者が本基準のパフォーマンス基準（P6は除く）を満たしていることを投融資の条件とするものであり，赤道原則以上の基準を採用し，適用していることを評価するものである．

◇ 基準P7　社会貢献活動：
(1) 社会貢献活動としての生物多様性保全活動が，本業が与える影響を代償し，ネットゲインを達成していること
(2) 地域で生物多様性保全活動をする場合には，当該地域で生物多様性保全のために活躍する人々を含めたステークホルダーの参加を得て行っていること

　社会貢献としての生物多様性保全活動を定量的に評価することによって本業における負の影響を代償し，その結果としてネットゲインを実現するとともに，地域で生物多様性の保全活動をする場合には，当該地域で生物多様性保全のために活躍する人々などのステークホルダーの参加を得て行っていることを評価するものである．なお，企業は，社会貢献活動として行う生物多様性保全活動について環境報告書等で公表していることが求められる．

II　今後の課題

　生物多様性の損失をできるだけ食い止め，将来世代にわたっても，その恩恵を受けられるよう，企業と市民・NGO/NPOが協力し，持続可能な社会の構築を目指すにあたり，本章で提案した評価基準は非常に有効であると考えられる．

　しかし，この評価基準が生物多様性の保全のために有効に活用されるためには，検討すべき課題が残されている．

(1) 評価基準を用いたポジティブな企業評価

　本評価基準は，市民社会が期待する，企業の理想の姿であるため，そのすべてを満たす企業は現状では存在しないと思われる．しかし生物多様性保全の専門的知識を有するNGO/NPOの主導により，消費者である市民もまた企業を適切に評価することで，市民の購買行動によって企業の生物多様性保全活動を支援することも期待できる．よって，現実の

企業の取り組みをポジティブに評価できるようになることが必要である．

また，個々の評価基準についての課題については，基準の説明部分で述べたとおりであるが，総合的な評価をどう行うのかも重要課題である．このため，各評価基準のウエイト付けを検討するべきであろう．

(2) 国の政策の再検討

本章では，企業のCSRとしての自主的な取り組みの評価基準を検討したが，生物多様性へ負の影響を与えているのは企業だけでなく，公的部門も大きな影響を与えている．したがって，公共部門においても，本評価基準を，公共事業や政府調達などに幅広く適用することを検討すべきであろう．

評価基準においても重要な点の一つとしてNGO/NPOとの協働が挙げられた．次章では，NGO/NPOが企業とのパートナーシップをどのように考えているか，市民やNGO/NPOが政府の生物多様性保全政策へどのように参加すべきかを論じる．

第5章 市民・NGO/NPOの役割

　本章では，生物多様性保全のための市民の代表であるNGO/NPOの役割を，特に企業とのパートナーシップに焦点を当てて，著者が行った主要なNGO/NPOのインタビューの結果などを基に考察する．

I　NGO/NPOの社会における役割と企業とのパートナーシップ

　市民の代表としてのNGO/NPOの活動は，伝統的には，政府，一般市民，企業という社会のキープレーヤーそれぞれに働きかけることで，社会を改善しようとするものである．環境保護を目的とするNGO/NPOの多くは，伝統的には法改正などを目指して政府に働きかけることが多かった．

　しかし近年，著名なブランドを持ち社会への影響力の強い企業へ直接働きかけその活動を改善させることで，逆に政府の方針や一般市民の行動を変えていこうとする，「コーポレート・キャンペーン」と呼ばれる動きが顕著となってきている．現代社会では特に，市場における消費者の需要が企業によって作りだされたり，刺激されたりする場合が多いからである．多くのNGOは，こうした企業の社会的責任（CSR）を問いただし，利益の追求と環境保全のバランスを取るよう求めている．

　NGO/NPOが企業に働きかける場合，大きくはしばしば批判的なロビー活動によるものと，協調型のパートナーシップ（協働）によるものに分かれる．近年まではボイコット運動などに見られる批判型のNGO/NPOの活動が注目され，前述のように特に欧米ではそれなりの効果を挙げてきたが，世界的に企業側の環境意識が高まってきた最近では，環境保全の実施段階で必要となる両者が相互に協力を得るために，パートナーシップを組む事例が増えている．

生物多様性保全に向けパートナーシップを組む際の，NGO/NPO 側の利点としては，問題の改善に必要な情報交換のためのコミュニケーションが容易になること，プロジェクトに必要な資金の提供を得られることなどがまず挙げられるであろう．特に資金や人的資源の少ない日本の NGO では，企業からの財政面でのサポートは非常に大きな意味を持つ場合が多い．また，企業と組むことで，活動を宣伝してもらえる，信頼性を高めることができるなどの利点もある．

一方，企業側の視点からのパートナーシップのメリットは，生物多様性の保全に必要な専門性や地域特有の知識を得られることがまず第一に挙げられる．多くの生物多様性保全プロジェクトは，こうした専門性なしにはなしえないであろう．次に，NGO/NPO という重要ステークホルダーの意見を企業活動に反映できることが挙げられるであろう．NGO/NPO とは，社会に潜在する市民にとっての脅威やニーズを先駆けて汲み上げている場合が多い．市民とはイコール消費者であり，その代表者である NGO の意見を方針に反映することは，企業にとって有益である．

さらに，生物多様性という専門性と地域性の高い分野においては，企業の一方的な判断で行う保全活動より CSR 活動としての外部評価は高まるという利点もある．多くの企業が行っている CSR 活動であるが，これまでのように本業と関連しないものや，評価が行われないプロジェクトに対して，市民の目は厳しくなってきていることから，今後は生物多様性保全活動の評価においても，NGO/NPO との協働が増えていくことが予想される．

実際，多くの企業が採用する，生物多様性保全活動の評価のための様々な基準の作成やその認証制度の仕組みの構築において，NGO/NPO と企業が共同で行っている場合がある．例えば，漁業製品の認証制度である MSC はもともと，リテール大手のユニリバーと WWF（世界自然保護基金）との共同プロジェクトとして始まっている[40]．また，鉱業部

---

(40) この共同プロジェクトは，別の環境保護団体であるグリーンピースがユニリバーのサプライヤーが非持続可能な漁業を行っていることを批判したことから始まっている．このように，企業活動の改善のきっかけは得てして批判型の NGO からの批判がきっかけであることも多く，企業はそうした NGO からの批判を建設的に受け止め対話をすることでしばしば重要な情報を入手することができるのである．

門では，国際的な事業者団体である ICMM などが持続可能な開発のための指針を取りまとめているが，その指針作成においては IUCN との意見交換を通して彼らの意見を取り入れている．新しいものとしては，生物多様性とコミュニティーに配慮した，炭素の吸収源としての森林保全の CCB 基準があるが，これもコンサベーション・インターナショナルをはじめとする NGO と企業の協働で作成している．

　上記の例は欧米の例であるが，特に市民社会が早くから発達している欧米では NGO/NPO が企業や政府，ひいては社会全体に与える影響力は大きく，NGO/NPO が直接的にも間接的にも企業の CSR を促進することに貢献している．これまで日本においては NGO/NPO の社会的な影響力は小さかったうえ，特に批判型の NGO とは対話を拒否する企業も多かったが，近年この状況は改善されてきている．今後日本においても企業が CSR として生物多様性保全を進めていくには，NGO/NPO の企業に対する働きかけと，企業の側の NGO/NPO の意見の吸い上げがますます重要になるであろう．以下は，NGO/NPO と企業とのパートナーシップがどう生物多様性の保全へ貢献できるのかを考察するために，企業とのパートナーシップについての NGO/NPO へのインタビュー結果と，実際のパートナーシップの事例を見ていく．

表 5-1：NGO/NPO と協力又は NGO/NPO を支援する企業の例

NGO/NPO	企業
WWF	オキシデンタル石油（Occidental Petroleum），モンディ（Mondi），ジョンソン・アンド・ジョンソン（Johnson & Johnson），ラファージュ（Lafarge），キャノン，ヘンケル（Henkel），ノバスコシア銀行（Bank of Nova Scotia），ハンセン銀行（Hang Seng Bank），HSBC，日興コーディアル，エネル（Enel），フランスガス公社（Gaz de France），ステイプルズ（Staples），アクセンチュア（Accenture），シェブロン，パナソニック，伊藤忠商事，リコーなど
CI	コノコフィリップス（ConocoPhillips），ニューモント・マイニング（Newmont Mining），ユナイテッド・テクノロジー（United Technology），インテル（Intel Corporation），マクドナルド（McDonald's），スターバックス（Starbucks），シェブロン，トヨタ，リコーなど
IUCN	ニューモント・マイニングなど
バードライフ・インターナショナル	リオ・ティントなど

（出所）各企業の CSR レポート（2005年）から筆者（宮崎）作成

第5章 市民・NGO/NPO の役割

II　企業と NGO/NPO のパートナーシップの意義

　2008年10月にバルセロナで開催された IUCN（国際自然保護連合）総会フォーラムでは，多くの企業と NGO/NPO が相互のパートナーシップについて発表を行った（著者2名もこのフォーラムに参加し，NGO/NPO へのインタビューを行った）．

　パートナーシップを組む企業の条件として，NGO/NPO が企業に対して挙げる条件は様々であり，ほとんどの NGO/NPO は明確な指標を定めてはいない．大部分は，これまでのネットワークを通じてつながりのある企業と，目的を共有することができれば，お互いの歩み寄りでパートナーシップを組んでいるようである．しかしその中でも多くの NGO が共通して挙げた条件は，トップからのコミットメントがある，ということであった．

　ちなみに，より具体的な条件としては，例えば，UNDP，UNEP などが主催している SEED（Supporting Entrepreneurs for Environment and Development；環境と開発のための起業家支援プログラム）が挙げるパートナーシップ成功への8つの条件がある：①パートナーとなる企業のリーダーシップ，②パートナーシップ管理能力，③事業コンセプト，④事業とマーケティング能力，⑤経済，環境，社会的利益の3つのボトムラインの確保，⑥収益の獲得と分配，⑦地域コミュニティーの参画，⑧リスクマネジメントである．

　パートナーシップの事例として最もよく見られるのは，企業が特定の NGO/NPO の保全活動を資金提供で支援するというものである．例えば，野生生物保全協会（WCS）は，金融企業のゴールドマンサックス社と共同で，チリの長期景観管理を実施している．ゴールドマンサックス社は，WCS が会員から集めた資金と同額を WCS に寄付する仕組みである（マッチングファンドと呼ばれる）[41]．こうしたケースでは，企業の本業とは関連性が薄いことが多いが，生物多様性の保全上重要なプロ

---

(41)　WCS 職員へのインタビュー（2008年10月）による．

ジェクトが多いのも事実であり，こうした場合貢献はどちらかと言えば社会貢献的なものになるであろう．

　企業がNGO/NPOの活動を支援するのとは逆に，NGO/NPOが自らの目的と合致する企業の保全活動を支援する場合もある．前述のリオ・ティント社は，ネットでの正の影響（NPI）を実現するために，バードライフ・インターナショナル，アースウォッチ，コンサベーション・インターナショナル（CI）など多くのNGO/NPOと協働し，現地での保全活動を行っている．こうした場合，NGO/NPOの多くは種や生態系の保全が団体のミッションに合致しており，すでに保全に取り組んでいる場合も多い．例えばトヨタ自動車がフィリピンで行っている森林保全活動は，CIが「生物多様性重要地域（Key Biodiversity Area）」と考える地域であり，フィリピンのオフィスがすでに何年も取り組みを行ってきている．ここにトヨタの援助が入ることで，活動がより強化され，トヨタはより意義のある社会貢献活動ができるようになっている．

　以上見てきたように，パートナーシップの形態は様々であるが，いくつかのカテゴリーに分けることができる．表5-2はWWFジャパンのまとめる各カテゴリーである．

表5-2：NGO/NPOと企業とのパートナーシップの形態

カテゴリー	内容
フィランソロピー	・一般寄付 ・プロジェクトの助成 ・マッチング寄付 ・現物寄付 ・企業サポーターとしての入会
マーケティング連動型支援	・売上連動寄付（商品の販売個数などに応じてする寄付） ・イベント開催（チャリティーコンサートなど） ・WWFのグッズの購入 ・広告の出稿
間接的支援	・募金活動 ・WWF会員への割引

（出所）WWFジャパンのウェブサイトから著者（籾井）作成

第 5 章　市民・NGO/NPO の役割

　これらはもちろん，すべて意義のある社会貢献であり，企業の社会的責任でもあるが，上記のうち，特に評価が高くなると思われるものとしては，「プロジェクトの助成」「マッチング寄付」などであろう．多くのNGO は危機的な状況にある生物多様性保全プロジェクトを実施したくても資金がなく，企業がパートナーとなり，オーナーシップを感じることで，プロジェクトの知名度が上がり，特に著名な企業が参加する場合は地域社会における安心感が得られる場合も多いであろう．その意味では，「売上連動寄付」なども，消費者が生物多様性の生息地について考えるきっかけとなり，NGO にとってもまたとないマーケティングの機会を提供している．

　ただし，特に企業の側として注意する必要があるのは，本業で生物多様性に多大な悪影響を与えており，それを放置したまま広告や一般寄付などを行うと，グリーンウォッシュとみなされ逆効果になることである．かと言って寄付を控えるということではなく，状況の改善へコミットし，NGO の助言を得ながら改善を目指す姿勢を示せば，寄付などに対する社会の適正な理解も得られるであろう．

　企業と NGO/NPO とのパートナーシップにより行われる保全プロジェクトでは，生物多様性への直接的な影響と，影響を与える企業活動の改善によって生み出される消費者へのメッセージなど間接的な成果も含め，保全効果は高くなる傾向があるであろう．

　また一方で，NGO/NPO からの批判的なロビー活動を受けた結果，協働関係に入り取り組みを改善している企業も欧米には多い．例として顕著なのは，B&Q，ホーム・デポなど DIY 会社の多くで，持続可能でない木材を扱っているとして，レインフォレスト・アクションネットワークをはじめとする多くの NGO から抗議を受けたことである．それを受け，これらの企業は NGO との対話の中で木材調達方針を制定／改善し，現在では非常に優秀な調達方針を持っているところも多い．原生林からの木材を調達しない方針や，FSC などの認証製品を優先購入する方針で，生物多様性の保全においてその実質的効果は非常に高かったと言える．

Ⅱ 企業とNGO/NPOのパートナーシップの意義

　一方，パートナーシップを組むこと自体がNGO/NPOの独立性と発言力に影響を及ぼすとしているNGO/NPOもある（例：グリーンピース）．このようなNGO/NPOは政策提言，企業批判，一般市民の意識の向上などを中心として活動しており，こうしたNGOの抗議活動をきっかけに，別のNGOから協力を得て企業活動を改善する企業も多い．実際，変化や情報公開に対しては消極的な企業が多い中，NGOからの批判がしばしば必要な圧力となり，長期的な改善につながることも多いのである．

　こうしたNGO/NPOが企業の実情を理解しないとする意見も企業側には多々あるが，対決姿勢しかとらないという団体は少なく，実際には何らかの改善策を企業と合意する場合がほとんどである．実際に，ユニリバーとMSC，B&Qやホーム・デポとレインフォレスト・アクション・ネットワークのように，結果的に企業・NGO/NPOの双方が歩み寄り，場合によってはパートナーシップを結んでいる例が多くある．

　以下は，各NGO/NPOの担当者へのインタビュー結果である．

(1) WWFインターナショナル

「基準というものは特になく，個々のケースで判断する．企業が持続可能な発展のためにコミットし，リーダーシップを発揮する企業とは，パートナーシップを結ぶ．現在，コカコーラ[42]，アリアンツ，HSBC[43]などとパートナーシップを締結している．

　企業から求める場合もあれば，WWFから求める場合も両方がある．」

(2) ネイチャー・コンサーバンシー（The Nature Conservancy；TNC）

「西海岸で大規模な森林火災があり多くの人々が被害にあった時，航空機製造社であるボーイング（Boeing）からTNCへ森林火災防止のた

---

[42] 淡水保全を目標としたパートナーシップを締結．
[43] 2007年に5年計画で世界の淡水保護のパートナーシップを締結した（資金50百万ドル）．目標は3大河川の保全（50百万人が依存），20,000種の稀少植物の保護，200人の科学者の訓練，2,000のHSBCの職員を保全研究の現場に派遣すること．

めの協力の申出があり，プロジェクトベースのパートナーシップを形成した．また，TNCは石油会社のコノコ・フィリップスともパートナーシップを締結している．」

　TNCは，全米で100万人の会員を有し，専属のスタッフは約3800名．世界中に支所があり，中国だけでも5箇所にある．日本にもかつては支所があったが，インタビューした時点では閉鎖してしいた．現在再開することを検討しているとのことである．

(3)　**野生生物保全協会**（Wildlife Conservation Society；WCS）
　「ニューヨークに本部がある．40～60名のスタッフがおり，4～5箇所に動物園を所有している．
　チリではゴールドマンサックス社との協力で，長期の景観管理を実施している．ゴールドマンサックス社は，WCSが会員から集めた資金と同額をWCSに寄付する仕組みである（マッチングファンド）．
　ボリビアでも同様の仕組みでガス会社と協力している．これはガスパイプラインの設置に伴う保全プロジェクト（10年計画）で，トラスト基金を設立している．」

(4)　**コンサベーション・インターナショナル**（Conservation International；CI）
　「企業とのパートナーシップは，CELB（Center for Environmental Leadership in Business；ビジネスにおける環境リーダーシップセンター）という組織が担当しているため，そのHPを見てほしい．
　CIは，パートナーシップを結ぶ企業を積極的に探しており，候補企業を選定してアプローチしている．環境への影響を最小化する意欲があり，環境問題の解決においてリーダーシップを発揮し，外部からの助言にオープンな会社が対象となる．
　パートナーシップを締結する企業の選定の基準は，特になく，ケースバイケースである．CIの資金（約200百万ドル）は，50％が個人，20～30％がNGO/NPOや政府であり，企業からは5％である．パートナーシップの締結に当たっては，企業の様々なレベルの人々と交流し，パー

トナーシップへの意識を高めるようにすると効果的である．

　例えば，ウォール・マートとは，中国でのサプライヤーに対し，エコロジカルフットプリントを小さくするために協働している．」

(5) バードライフ・インターナショナル（Birdlife International）

「企業とのパートナーシップは，簡単なもの以外にはなく，ケースバイケースであり，役員会でその採否を決定する．役員会は3ヶ月に1回であるが，適宜メールで意思決定をするので，問題はない．

　パートナーシップを締結するのは，次の基準による．
① 鳥の保護と，その企業にとって明らかな便益があり，
② 企業が真剣にコミットしており，
③ モニタリングできる目標があり，
④ バードライフ・インターナショナルとして評判に及ぶようなリスクがない場合である．

　特に④は，バードライフ・インターナショナルを構成しているのが各国のメンバー団体なので，メンバー団体の評価が重要である．

　②を確認するためには，相互の信頼関係を築く必要があるために，長い時間がかかる．戦略から恥まし，最初は簡単なことから合意し，それを次第に拡張するようにしている．このため，パートナーシップを締結している企業の数は，少ない．BP，セメックス（Cemex），リオ・ティントであり，日本の企業とも話しを進めている．」

(6) グリーンピース（Greenpeace）

「企業とのパートナーシップを締結する基準はない．日々の直接的な活動の中で関わっていく．

　企業にはグリーンウォッシュという問題がある．企業に対してキャンペーンを行うことを基本としているため，グリーンピースとしては独立性を維持することが不可欠である．このため，企業からは資金はもらわない．

　戦略的には，巨大で影響力の強い企業を対象として，新しい発展を見せている企業である場合には，共同プロジェクトを実施する．もちろん，

資金は受け取らない（この方針は，政府との共同プロジェクトでも同じである）．

グリーンピースとしては，効果的に企業をターゲットとしたキャンペーンを行うためには，NGO/NPO が企業とのパートナーシップを締結すると，強力な声を出せず，影響力が弱くなってしまうため，独立性を確保している．

経済のパラダイムは既に崩壊している．生物多様性がそれを明らかに示している．強い声を発していかなければならない．

企業とのパートナーシップは，イケア（Ikea）と締結した[44]．ベンチャー企業で，方針の開発にコミットしている．コカコーラとは，CFC（フロン）を用いないグリーンな冷蔵庫の利用という点で協力している．」

III 市民参加

国民の環境情報へのアクセスと意思決定への参加の重要性は国際社会で既に認知されている．1992年のリオ宣言第10では，「国内レベルでは，各個人が，有害物質や地域社会における活動の情報を含め，公共機関が有している環境関連情報を適切に入手し，そして，意志決定過程に参加する機会を有しなくてはならない」とされている．

国連欧州経済委員会は，「環境情報へのアクセスの権利」，「意志決定への参加の権利」，「裁判を受ける権利」の3つの権利を市民に保障した「環境に関する情報の取得並びに環境に関する決定過程への公衆参加及び司法救済に関する条約」（オーフス条約）を成立させた（1998年）．ドイツの自然保護法では，政策の決定に際しては，市民団体の意見を聴くことを法的な義務としている[45]．また，米国の種の保存法では，市民

---

(44) イケアの長期的目標は，イケアを通じて販売されている，あらゆる木材製品の原材料を，よく管理された，認証済みの森林でとられたものだけにするため，サプライヤーに対し一定条件の木材製品の納入を求めている．

(45) 第58条（連邦環境・自然保護・原子炉安全省により承認される団体）では，「連邦環境・自然保護・原子炉安全省により承認された権利能力ある団体には，次に掲げる場合に，意見表明及び関係する専門家鑑定書の閲覧の機会が与えられなければならない．

による指定種の申立権[46]及び市民訴訟権が認められている．

　日本の環境基本法では，国民の責務については，「基本理念にのっとり，環境の保全上の支障を防止するため，その日常生活に伴う環境への負荷の低減に努めること」と「国民は，基本理念にのっとり，環境の保全に自ら努めるとともに，国又は地方公共団体が実施する環境の保全に関する施策に協力する責務を有する」とされている．

　また，民間団体等の自発的な活動を促進するための措置として，「国は，事業者，国民又はこれらの者の組織する民間の団体が自発的に行う緑化活動，再生資源に係る回収活動その他の環境の保全に関する活動が促進されるように，必要な措置を講ずるものとする」（26条）とされている．

　さらに，このような民間団体等が自発的に行う環境の保全に関する活動の促進に資するため，「個人及び法人の権利利益の保護に配慮しつつ環境の状況その他の環境の保全に関する必要な情報を適切に提供するように努めるものとする」（27条）とされている．

　日本でも，現実には，多くの市民団体が政策提言を行っているにもかかわらず[47]，環境基本法では，市民又は市民団体が，国の環境政策の

1．連邦政府又は連邦環境・自然保護・原子炉安全省による自然保護及び景観保全の領域での命令及びその他法律の下位に位置する法規の準備の際，
2．連邦官庁により実施される計画確定手続において．ただし，自然景観への侵害と結びつき，かつ，当該団体が，手続と関係する州の領域を包括する活動領域を有する計画の場合に限る．
3．前号にいう計画確定の代わりに行われ，かつ，公衆参加が予定されている，連邦官庁により発せられる計画認可の際．ただし，当該計画が，当該団体の自己の定款に基づく任務領域と関わる場合に限る」とある．

(46)　米国の行政手続き法では，「各行政庁は，利害関係人にたいし，規則の発布，改正もしくは廃止を求めて申請する権利を付与する」と定められている（第5編第553条(e)項．絶滅危機種法第4条(b)(3)(A)では，これを受けて，（リストに種を追加もしくは除去すべきことを求める）「利害人の申請を受理したのち90日以内に，長官は，当該申請につき，申請された行為が正当化されうることを示す実質的に科学的または商業的な情報を提出しているかどうかについて，認定を行う．該申請がそのような情報を提出していると認められるときは，長官は，ただちに当該種の状況について審査を開始する．長官は，本項によりなされた各認定をただちに連邦公報で公表する」とされている．

第5章　市民・NGO/NPO の役割

企画立案に直接参加することは明記されていない．

　一方，環境基本法の理念の一つとして，「環境の保全に関する行動がすべての者の公平な役割分担の下に自主的かつ積極的に行われるようになる」（4条）ことが挙げられている．市民・国民は，事業者や政府とともに，公平な役割分担の下に自主的かつ積極的に行うことが求められているが，市民・国民に協力を求めるのであれば，市民・国民が国の環境政策の企画・立案に参加する道を確保すべきであろう．

　なお，生物多様性基本法においては，環境基本法における市民の役割からさらに踏み込んで，「国は，生物の多様性の保全及び持続可能な利用に関する政策形成に民意を反映し，その過程の公正性及び透明性を確保するため，事業者，民間の団体，生物の多様性の保全及び持続可能な利用に関し専門的な知識を有する者等の多様な主体の意見を求め，これを十分考慮した上で政策形成を行う仕組みの活用等を図るものとする」としている（21条2項）．

　人類の公共財である生物多様性に関する政策においては，政府や企業のみならず，市民・NGO/NPO が果たす役割は大きく，重要ステークホルダーとして，意思決定に参加する権利を当然持っている．しかし，実際には日本の現行法ではその権利が明確には定められていない．このため，日本において，市民・NGO/NPO が生物多様性保全政策の意思決定へ，より積極的に参加できるよう，日本政府は，下記の措置を講じる必要があると考えられる．

① 政府の情報提供・開示：一般国民の生物多様性への理解が不足していることから，一般国民に対する啓発を含む．
② 市民が意思決定に参加できる場（委員会など）の設定：現状でも政府の委員会には市民や消費者の代表が含まれているが，その選定方法や基準が明確ではない．
③ 政策立案への市民参加手続きの法定化：種の保存法における希少種の指定等に対する市民参加については後述するが（第6章Ⅲ

---

(47) 日本自然保護協会編（2003）『生態学からみた野生生物の保護と法律』（講談社サイエンティフィック）などを参照されたい．

2），環境分野全般において市民参加を拡張する必要がある．例えば，現在の環境省による戦略的環境アセスメントガイドラインは，開発事業の上位計画のうち事業の位置・規模等の検討段階のみを対象としている．しかし，戦略的環境アセスメントは，最も広義では，政策立案，施策策定にあたって，環境影響の有無を調査・予測・評価し，必要な場合には環境配慮を組み込むことである（浅野）．今後は，このように，政策立案の時点からの戦略的環境アセスメントを法制化し，その中で市民参加手続きを法的に明確化することが望まれる．

④ 市民団体による裁判出訴権について検討する：市民の政策決定への参加を確実なものとするためには，オーフス条約にあるような裁判を受ける権利を保障することが不可欠である．米国や欧州などでは市民団体の原告適格は認められている．しかし，日本の現行法のもとでは，生物多様性という公益の保護を目的とした訴訟は，市民や市民団体の原告適格が認められていない．既に消費者保護の分野では，消費者団体が個々の消費者に代わって裁判を提起することが認められていることから，環境保護の分野においても市民の代表である市民団体に対し裁判出訴権を認めるべきと考えられる．

まずは，日本における環境政策などへの市民参加を保障するための法整備を行うべきであるが，将来的には，CBDの締約国における生物多様性保全政策の立案と実施に市民・地域住民・先住民族の公正な参加を確保するための国際的な取り決めの必要性について検討すべきであろう．

第6章 政府の役割

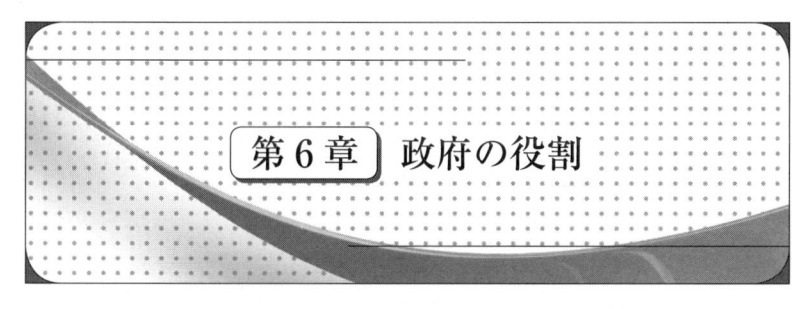

本章では，政府の役割をテーマとして，特に，日本政府の生物多様性保全のために講じている政策の現状と問題点について述べる．

I 生物多様性条約を実施するための法制度

日本政府は，1993年に生物多様性条約を国会で承認し，これを締結（批准）した．その国会では，気候変動枠組条約など合わせて4つの国際条約を一括して審議・承認している．生物多様性条約の承認に際しては，条約の実施のための国内法の制定は行われていない．

その理由は，1993年4月27日の衆議院外務委員会での，上原康助議員の「なぜ新たな国内措置は必要ないというふうに判断したのか」との質問に対する，河合説明員（外務大臣官房外務参事官）の回答によると，下記の通りである．

「気候変動枠組条約及び生物の多様性条約とも，いわば基本法のようなものでございまして，枠組条約につきましては，一般的な義務を負うという規定にとどめております．したがいまして，その具体的な国内措置は各国にゆだねる形になっております．このような義務の履行は，関係省庁の権限の範囲内で実施することが可能でございますし，また，先ほど御説明いたしました地球温暖化防止行動計画の中で実施されているというふうに考えております．また，生物の多様性条約につきましても，六条以降の幾つかの条文におきまして，これらの義務については「可能な限り，かつ，適当な場合には，」実施すべきものと規定されておりまして，行政上の措置として実施することが可能だ，こういうふうに考えております．

ちなみに，既存の国内法令においてもこれらの規定は既に実施されているというふうに考えておりまして，例えば，自然環境保全法，絶滅のおそれのある野生動植物の種の保存に関する法律，森林法，漁業法等において実施されておりますので，新たに国内法制をつくる必要はない，こういうふうに判断したものでございます．」

　このように，当時の日本政府の見解は，条約上の締約国の義務とされていることは，既存の法律の枠のなかで行政が実施可能であるために，条約実施法の判定は必要でなかったということになる．

　では，次に，主な条約上の義務と，これに対する日本政府のその後の対応をみてみる（表6-1）．

表6-1：生物多様性条約上の義務と日本政府の対応

主な条約上の義務	日本政府の対応
国家戦略の作成等（6条）	第一次国家戦略（閣議決定）（1995），第二次戦略（2002），第三次戦略（2007），国家戦略2010（2010）．
生物多様性の特定・監視（7条）	自然環境保全基礎調査（1973年〜） 環境省レッドデータブック（1991年〜）
生息域内保全（8条）	自然公園法（1957），自然環境保全法（1972），森林法（1951），種の保存法（1992），鳥獣保護法（1895），文化財保護法（1950），自然再生推進法（2002），カルタヘナ法（2003），外来生物法（2004）．
生息域外保全（9条）	保護増殖事業（種の保存法）
構成要素の持続可能な利用（10条）	漁業法（1949），水産資源保護法（1951），森林法（1951）
影響の評価と悪影響の最小化（14条）	環境影響評価法（1997） 生物多様性基本法（2008）；計画アセス導入を推進するための措置（25条） 環境省「戦略的環境アセスメント導入ガイドライン」（2007）
遺伝資源の取得の機会（15条）	バイオインダストリー協会・経済産業省「遺伝資源へのアクセス手引」（2005）
開発途上国への支援（16条，18条，20条）	JICA事業など

（出所）環境白書等から筆者（宮崎）作成

表6-1に示されているように，条約締結後には，自然再生推進法(2002)，カルタヘナ法(2003)，外来生物法(2004)，環境影響評価法(1997)，生物多様性基本法(2008)が成立している．このうち，カルタヘナ法（遺伝子組換え生物等の使用等の規制による生物の多様性の確保に関する法律）は，遺伝子組換え生物の越境移動に先立ち輸入国が自国への影響を評価し，その輸入の可否を判断することを規定した「カルタヘナ議定書」(2000年)を実施するために必要な国内実施法である．

　しかし，生物多様性条約第14条第1項(b)に規定されている，計画及び政策の環境への影響について十分な考慮が払われるための適切な措置の導入は，環境省による戦略的環境アセスメントに関するガイドライン(2007)及び国土交通省による「公共事業の構想段階における計画策定プロセスガイドライン」(2008)が制定されているのみで，法的には担保されていない．なお，2008年に成立した生物多様性基本法第25条では，「事業に関する計画の立案の段階からその事業の実施までの段階において，その事業に係る生物の多様性に及ぼす影響の調査，予測又は評価を行い，その結果に基づき，その事業に係る生物の多様性の保全について適正に配慮することを推進するため，事業の特性を踏まえつつ，必要な措置を講ずるものとする」とされている．

　この計画段階からのアセスメントは，戦略的環境アセスメントと呼ばれており，この法制化の必要性については，第8章で論じる．

II　生物多様性国家戦略2010

　日本政府は，生物多様性条約を実施するために1995年に最初の生物多様性国家戦略，その後，2002年に新・生物多様性国家戦略，2007年に第三次生物多様性国家戦略を策定し，2010年3月には生物多様性基本法に基づく「生物多様性国家戦略2010」を制定した．以下では，この国家戦略が，生物多様性条約の目的達成のために十分なものであるかどうかを考察する．

　「生物多様性国家戦略2010」によると，日本においては，生物多様性の危機に対処するためには，「自然共生社会」を構築することが必要であり，そのためには，2050年までに，「人と自然の共生を国土レベル，

地域レベルで広く実現させ，わが国の生物多様性の状態を現状以上に豊かなものにするとともに，人類が享受する生態系サービスの恩恵を持続的に拡大させる」ことを目標としている．

また，生物多様性の損失を止めるために，2020年までに下記を実施することを目標としている．

「①わが国の生物多様性の状況を科学的知見に基づき分析・把握する．生物多様性の保全に向けた活動を拡大し，地域に固有の動植物や生態系を地域の特性に応じて保全するとともに，生態系ネットワークの形成を通じて国土レベルの生物多様性を維持・回復する．とりわけわが国に生息・生育する種に絶滅のおそれが新たに生じないようにすると同時に，現に絶滅の危機に瀕した種の個体数や生息・生育環境の維持・回復を図る．

②生物多様性を減少させない方法を構築し，世代を超えて，国土や自然資源の持続可能な利用を行う．

③生態系サービスの恩恵に対する理解を社会に浸透させる．生物多様性の保全と持続可能な利用を，地球規模から身近な市民生活のレベルまでのさまざまな社会経済活動の中に組み込み（生物多様性の主流化），多様な主体により新たな活動が実践される．」

この2020年の目標では，生物多様性の損失をいつ止めるかがあいまいであり，政府の施策が目標を達成したのかどうかを客観的に評価することは困難である．

また，同戦略は，100年計画を示している．その中で，「過去100年の間に破壊してきた国土の生態系を，（中略）次なる100年をかけて回復する」とある．このことは，文言のみからすると，およそ2100年には，1900年の頃の国土の生態系を回復するということが目標であると解釈できるが，その実現のための政策は，森林環境税が一例として挙げられている以外はない．また，この戦略は，温暖化対策の進展を見込んで，IPCCが予測する最良の予測である1.8℃の上昇を想定しており，この点からも現実感が薄い内容となっている．

戦略は，上記の目標と100年計画の実現のための施策の基本方針と基本戦略を示しているが，いずれも抽象的に書かれており，それらの施策

を実施することによってはたして目標を達成できるのかどうかという説明はなされていない．例えば「生物多様性の危機の状況を具体的に地図化し，危機に対する処方箋を示すための診察記録（カルテ）として活用すると同時に，生物多様性の保全上重要な地域（ホットスポット）を選定することを通じ，優先的に生物多様性の保全を図るべき地域での取組を進め，生物多様性の損失速度を顕著の減少できるように努めます」としている．しかし，生物多様性の状況を総合的に評価し，ホットスポットを選定するのみで，はたして，生物多様性の損失速度を顕著に低下させることができるかははなはだ疑問である．

　戦略の第2部では，2012年度までの政府の行動計画として約720の具体的施策を記述しているが，数値目標を示しているのはわずかに下記の37例である（表6-2）．その多くは，生物多様性の損失速度を低下させる効果はある程度あると考えられるものの，その程度がどのくらいなのかは判断できない．例えば，種の保存法に基づく国内希少野生動植物種の指定は，現在は81種であるものを，5種追加指定することが計画とされているが，その根拠は示されていない．

表6-2：生物多様性国家戦略2010における数値目標

	項目	現状	目標
重要地域の保全	ラムサール条約登録湿地の数	2010年で37箇所	2012年までに6箇所を追加
	世界遺産として小笠原諸島を登録		2011年の記載を目指す
自然再生	自然再生協議会の数	2010年3月現在で21箇所	2012年度までに新たに8箇所増やす
森林	間伐（美しい森林作り推進国民運動；2007年2月）		2007～2012年の6年間で330万ha
	森林吸収量（京都議定書目標達成計画）		1,300万t-C（炭素トン）程度
	保安林の指定	2008年度末で1191万ha	2023年度末までに1269万ha

第6章　政府の役割

田園地域・里地里山	エコファーマー認定件数	2009年9月で191,846件	2009年度末までに200,000件
	グリーンツーリズム施設の年間のべ宿泊者数	2008年度は844万人	2009年度に880万人
都市	水と緑の公的空間（社会資本整備重点計画（2008～2012年度））		2012年度までに2005年度比約1割増
	都市の公園・緑地（同上）	都市公園は2009年3月末で114,990ha	2012年度までに新たに約2,100ha確保
河川・湿原など	水生生物の保全に係る環境基準の類型指定水域	2007年11月で4水域	2011年度末には40水域.
沿岸・海洋	藻場・干潟の保全・再生		2012年3月までにおおむね5000ha実施.
	漁場回復のための堆積物除去		2012年3月までにおおむね25万ha.
	漁礁や増養殖場の整備		2012年3月までにおおむね7万5000ha.
	漁村の漁業集落排水処理人口の漁村人口に対する比率		2012年3月までにおおむね60％.
	二国間・多国間の漁業協定の数		毎年度47協定以上に維持・増大
	海面養殖生産に占める漁場改善計画対象海面で生産される割合	2006年度は6割	2011年度までに7割.
野生生物の保護と管理	国内希少野生動植物種の指定	81種	5種程度を新たに指定
	トキの野生復帰（定着個体数）		2015年頃に60羽程度が定着
	特定鳥獣保護管理計画の策定数	2009年11月で107	2012年までに170

	ツシマヤマネコの野生復帰		2011年に野生順化訓練を開始
	ジャワマングースの排除		2014年度に実現
	都道府県における犬及び猫の引き取り数	2004年度で42万匹	2017年度までに半減
	犬又は猫に関する所有明示の実施率	2003年度で犬33%, 猫18%	2017年度までに倍増
遺伝資源などの持続可能な利用	植物遺伝資源の保存数	2006年度末で24万点	2010年度までに25万点
	環境省レッドリストの絶滅危惧種の細胞の保存数		2008年度から年間500種類, 5年間で2,500種類. 水生生物は年間10種, 5年間で50種保存.
	農業生物資源研究所の微生物保全点数	2006年度末で2.4万点	2010年度までに2.5万点
	バイオ燃料の生産量		2011年度までに年間5万キロリットル
普及と実践	生物多様性の認知度	2009年度に36%	2011年度末までに50%以上
	生物多様性国家戦略の認知度	2009年度に20%	2011年度末までに30%以上
	「生物多様性」が新聞で用いられる頻度	2008年度で736件	2011年度には1,000件
	生物多様性地域戦略を策定している都道府県	2010年3月で6県(13%)	2012年までに100%が策定に着手
	WEBサイト「エコツアー総覧」へのアクセス数	2006年度で831,208件	2012年度には1,250,000件
	こどもパークレンジャー参加者数	2005年度で840人.	2010年度に1,300人

	生物多様性を学ぶスタンプラリーのべ参加者数		2010～2012年度でのべ100万人
	「こども農山漁村交流プロジェクト」への小学生参加者数		今後5年間で，全国2万3000校（1学年120万人）
国際的取組	生物多様性クリアリングハウスへの登録数	2009年9月で約900件	2012年3月までに約1600件
情報整備・技術開発	尺度2万5千分の1の植生図	2010年3月で国土の約50％	2012年3月までに国土の約6割

（出所）生物多様性国家戦略2010から筆者（宮崎）作成

　以上のように現在の生物多様性国家戦略では，客観的に検証可能な，定量的な目標がほとんど定められていない．環境省としては，2010年のCOP10においてポスト2010年目標が決定された後に，戦略を見直す予定であるとしている．

　生物多様性条約におけるポスト2010年目標の議論では，目標はSMART[48]でなければならないとの指摘がある．今後改定される日本の国家戦略もSMARTなものとなることを強く期待したい．

III 国内の生物多様性の保全法

　既に述べたように，環境省レッドリストによると，絶滅のおそれがある野生生物種は3,155種である．日本が生物多様性条約に基づき条約事務局に2009年に提出した第4次国別報告では，「一部で個体数が回復したものもあるが，多くの種で絶滅リスクが高まっている」としている．また，国際環境NGOであるコンサベーション・インターナショナルが指定する生物多様性ホットスポットとして日本全体が指定されている

---

[48] SMARTとは，Strategic（戦略的），Measurable（測定可能），Ambitious（意欲的）Realistic（現実的），Time-bound（期限が明確）であることをいう．

（これは，日本は南北に細長く，島国であるために，多様な固有種が存在するためでもある）．

日本における生物多様性への脅威は，①人間活動や開発による危機，②人間活動の縮小による危機（里山の荒廃など），③人間活動により持ち込まれたものによる危機（外来生物など），④地球温暖化による危機とされている（生物多様性国家戦略2010）．このような危機に対応するためには，日本は「自然共生社会」を構築することが必要であるとしている．

以下では，生物多様性の保全に関する日本の国内法について，問題点とその改善方法について考えてみたい．

1　生物多様性基本法

生物多様性基本法（2008年）は，議員立法により制定されたものである．

これには，政府による生物多様性条約の国内実施が不十分であるとして，自然保護団体，研究者，個人が参加する「野生生物保護法制定をめざす全国ネットワーク」が素案を作成し，その立法化を国会議員に訴えたという背景がある．つまり，既存の法規制では条約の目的達成には不十分であったため，より包括的な生物多様性の保全を担保する法律が生まれたのである．

生物多様性基本法には，予防的取組や順応的管理の原則など，これまでになかった様々な規定が盛り込まれた．また，環境影響評価においては，計画段階からの評価を求めている．さらに，市民参加については，政府が市民団体等との協働に努めることを明記している．また，この法律の国会審議での付帯決議として，同法の目的を達成するため，生物の多様性の保全に係る法律の施行の状況について検討を加え，その結果に基づいて必要な措置を講ずることとされた．

そしてこの決議に基づき，自然公園法などが2009年に改正されている（後述）．

2　種の保存法

「絶滅のおそれのある野生動植物の種の保存に関する法律」（種の保存法）は，1992年に制定された．この法律には，絶滅のおそれのある種が指定され，その捕獲や譲渡に関して規制が設けられるという仕組みを取っている．また，特定の種には，生息地の保護措置も義務付けられている．

しかし，種の保存法には，少なくとも二つの重要な問題点がある．ひとつは，指定種の少なさである．環境省レッドリストには3,155種が掲載されているが，種の保存法に基づき，その捕獲等が禁止される「国内希少野生動植物種」に指定されている生物種は，既に述べたように，81種のみである．このうち16種については生息地外保全の取組がされている．

さらに，もうひとつの重要な問題点は，指定により保護される生息地の面積があまりにも少ないことである。同法による「生息地等保護区」が指定されている例はわずか7種9箇所（885ha）であり，国土の1％にも満たない（0.002％）．

そこで，上記の問題点をひとつずつ分析してみることにする。まず，個体保護の対象となる国内希少野生動植物種の指定要件であるが，種としての存続に支障が生じていることが条件となっている（ボックス6-3）．

ボックス6-3

希少野生動植物種の選定条件（希少野生動植物種保存基本方針）

　国内希少野生動植物種については，その本邦における生息・生育状況が，人為の影響により存続に支障を来す事情が生じていると判断される種（亜種又は変種がある種にあっては，その亜種又は変種とする．以下同じ．）で，以下のいずれかに該当するものを選定する．
ア　その存続に支障を来す程度に個体数が著しく少ないか，又は著しく減少しつつあり，その存続に支障を来す事情がある種
イ　全国の分布域の相当部分で生息地又は生育地（以下「生息地等」と

> いう.）が消滅しつつあることにより，その存続に支障を来す事情がある種
> ウ　分布域が限定されており，かつ，生息地等の生息・生育環境の悪化により，その存続に支障を来す事情がある種
> エ　分布域が限定されており，かつ，生息地等における過度の捕獲又は採取により，その存続に支障を来す事情がある種

つまり，種の保存法のもとでは，存続に支障が出るほどには悪化していない生物種は法的保護の対象とすることができず，存続に支障が出るほど悪化した段階で初めて指定されることになる．そのような時点では保護はすでに手遅れであり，同法は後追い的な対応であると言わざるを得ない．生物多様性基本法では，予防的取組の原則が採用されていることからも，このような運用は早急に改善されるべきである．

また，実際には，種の指定によって禁止される行為や生息地等保護区を設定することによって，絶滅危惧種の保護が効果的に行われる場合に限り，また，地域住民などの了解が得られた場合にのみ指定されることとなっている．これも種の指定が進まない理由の一つと考えられる．

地域の生物多様性保全を進めるためには，地域個体群や生態系の保全に専門知識を有し，長期にわたる地域ネットワークを有する地域の市民・NGO/NPOを最大限に活用すべきである．しかし，日本の現行の種の保存法では，希少種や地域個体群，生態系の保全に関する政策決定プロセスへの市民（NGO/NPOを含む）の参加が制度的に保障されていない．このように種の指定手続きに市民参加が保障されていないことも，種の指定が進まない根本的な原因となっているものと考えられる．つまり，市民参画の機会が十分でないことは，二つの根本的な問題である種の指定，生息地の保全の両方の面において障害となっている．

そこで，種の保存法に関しては，以下に述べるような改善措置が必要であろう．

〈種の指定〉

まず，レッドリストに掲載されている絶滅のおそれがある種のすべて

を法的保護の対象とすることを基本として，レッドリスト掲載種を「国内希少野生動植物種」に指定する手続きを法定化し，その中で市民が指定種の提案を行えるようにすべきである(49)．

なお，種が新たに指定されると，法の取締能力が不足している現状では，違法採取が増加することを懸念する意見もある．現在のように法の対象が少ないことが希少価値となってしまうからである．よって，指定種を増やすだけではなく，法の執行体制の整備と充実も同時に確保する必要がある．

〈生息地等保護区の指定〉

また，種の保全のためにはその生息地の保全が不可欠であることから絶滅のおそれがある種が生息している地域は法的に保護される地域に指定する必要があり，「生息地等保護区」の指定についても，市民が提案可能とすべきである．また，このような指定の意思決定プロセスは，情報が公開され，透明な手続きの中で行われることを法的に担保するための規定を設けるべきである．

〈市民参画〉

市民の政策決定への参加を確実なものとするためには，情報公開と意思決定プロセスへの参加だけでなく，オーフス条約にあるような裁判を受ける権利を保障することが不可欠である．既に述べたように欧米では市民団体の原告適格は認められている．しかし，日本の現行法のもとでは，生物多様性という公益の保護を目的とした訴訟は，市民や市民団体の原告適格が認められていない．しかし，既に消費者保護の分野では，消費者団体が個々の消費者に代わって裁判を提起することが認められていることから，環境保護の分野においても市民の代表である市民団体に対し裁判出訴権を認めるべきと考えられる．

ただ，仮に市民団体の裁判出訴権が実現したとしても，市民が訴訟を提起することは財政的には非常に難しい．市民が財政的な理由から訴訟を起こせないと，生物多様性という公益を保護することは困難となる．

---

(49) 米国の絶滅危機種においては，市民の指定種の提案が法的に認められている．なお，日本自然保護協会が既に同様な提言を行っている．

このため，米国で既に導入されているような，行政からの「訴訟金補助制度」の創設を検討すべきである．

3　自然公園法

　自然公園法は，1957年に制定され，その後改正を繰り返してきた法律である．制定当時の自然保護風潮を反映し自然の景観の保護と利用の増進を目的としており，生物多様性の保全は目的に明示的には含まれていなかった．特別保護地区では動植物の採取等が禁止されるなど実質的には生物多様性保全には貢献していると考えられるが，自然公園の地域指定は，生物多様性保護の視点から行われている訳ではなかった．

　このため，2002年の改正では，「国及び地方公共団体は，自然公園に生息し，又は生育する動植物の保護が自然公園の風景の保護に重要であることにかんがみ，自然公園における生態系の多様性の確保その他の生物の多様性の確保を旨として，自然公園の風景の保護に関する施策を講ずるものとする」（3条2項）と，生物多様性が風景保護の一部として法律の保護の対象となった．この改正を受けて，自然公園内においては，昆虫類やサンショウウオなど特定の野生生物の捕獲等の行為に一定の制限を課せられた．

　なお，この2002年の法改正は，2002年2月の閣議決定を経て国会に提出されたものであり，2002年4月のハーグでのCOP6において決定された2010年目標とは関連がない．

　生物多様性基本法の制定を受けた2009年の法改正では，法の目的に「生物の多様性の確保に寄与すること」を追加するとともに，下記の改正が行われた（施行は2010年4月）．
・海域における保全施策の充実（動力船の使用等を許可制とするとともに，利用調整地区[50]を指定できることとした）
・生態系維持回復事業の創設（主に，シカの食害等によって損なわれた生態系を回復するための防護柵の設置等を行う）
・特別地域等における行為規制の追加（一定の区域内での木竹の損傷，本

---

(50)　指定された地区では，利用者の数を制限することができる．

来の生息地以外への動植物の放出等を許可制とする）

　自然公園法のもとでは，日本の国土の約14％が自然公園に指定されており，その面積が第4次国別報告書では保護区面積として報告されているが，自然公園の中には開発行為が届出制であって規制が極めて緩い「普通地域[51]」も含まれている．普通地区は，本来はバッファーゾーンとしての機能を果たすべきであるが，現状では，届出対象となる一定の規模未満の開発行為は自由となっており，バッファーゾーンとしての機能を維持することは法的には担保されていない．

　このため，本書では，自然公園の普通地域に本来のバッファーゾーンとしての機能を維持するためノーネットロス政策を導入することを提案している（第7章参照）．

　付け加えると，自然環境保全法も，2009年の法改正では，自然公園法改正と同様，法の目的部分で，生物の多様性の確保を明記するとともに，下記の改正が行われた．

・海域における保全施策の充実：海中の自然環境を保全するための海中特別地区を，海域特別地区に改め，動力船の使用等を許可制とした．
・生態系維持回復事業の創設：自然公園法と同じ．
・自然環境保全地域における行為規制の追加：自然公園法と同じ．

4　環境影響評価法

　環境影響評価法は，1997年に制定され，環境に対する重大な影響をもたらすおそれがある大規模事業（政府が許認可等で関与するものに限られる）は，同法に基づく環境アセスメントを行うことが義務化されている．

　同法に基づくアセスメントでは事業者は「環境保全措置」を実施することとされている．この措置は，対象事業の実施により環境に及ぶおそれのある影響について，事業者が実行可能な範囲内で，その影響を回避し，又は低減すること，及び，その影響に係る各種の環境保全の観点か

---

[51]　普通地域での開発行為は届出制であるが，木竹の伐採や，一定規模以内の工作物（例えば，高さ13メートル未満の建物）の新築等の開発行為は届出の対象となっていない．

III　国内の生物多様性の保全法

らの基準又は目標の達成に努めることを目的として検討されるものである．

　このような環境保全措置の検討にあたっては，環境への影響を「回避」し，又は「低減」することを優先するものとされている．さらに，これらの検討結果を踏まえ，必要に応じその事業の実施により損なわれる環境要素と同種の環境要素を創出すること等により，損なわれる環境要素の持つ環境保全の観点からの価値を「代償」するための措置（以下「代償措置」という．）を検討することとされている[52]．

　なお，環境保全措置の検討にあたっては，環境保全措置についての複数案の比較検討，実行可能なより良い技術が取り入れられているか否かの検討等を通じて，講じようとする環境保全措置の妥当性を検証し，これらの検討の経過を明らかにできるよう整理することとされている．

　しかし，上記のような代償措置は検討されても，その実施は義務化されていない．したがって，現状では，回避，最小化，代償をできる範囲で実施すれば，全体としての環境への影響が重大でないと判断された場合[53]，法的には問題ないことになる．このため，開発による生物多様性への影響はゼロではなく，このような軽微な影響でも累積すれば結果的には重大な影響となる可能性がある．

　したがって，現在の日本の国内制度は，「地域・国土レベルでの生物多様性の維持・回復する」（生物多様性国家戦略2010）という目標を実現できるようになっていないと言わざるを得ない．

　日本国内においてこれ以上開発による生息地の減少や劣化を防ぐためには，影響を回避・最少化した後に残る損失に対しては，100％以上の代償を行うことを法的に義務化することが必要である．つまり日本国内においても，ノーネットロス政策を導入する必要がある．ノーネットロス政策については，第7章で詳しく検討する．

〈戦略的環境アセスメント〉

　戦略的環境アセスメントについては既に環境省が「戦略的環境アセスメン

---

[52]　環境庁告示第87号「環境影響評価法に基づく基本的事項」
[53]　定量的な評価がされていないために重大かどうかの判断は困難である．

ト導入ガイドライン」(2007年)を定めている．このガイドラインの目的は，「事業に先立つ早い段階で，著しい環境影響を把握し，複数案の環境的側面の比較評価及び環境配慮事項の整理を行い，計画の検討に反映させることにより，事業の実施による重大な環境影響の回避又は提言を図るため，上位計画のうち事業の位置・規模等の検討段階のものについて戦略的環境アセスメント(SEA)の共通的な手続き，評価方法等を示すものであり，これによりSEAの実施を促すことである」．

しかしガイドラインでは，環境省は，「国の行政機関等が関与する計画について，資料の提出を求める等により，計画策定者等の検討状況の把握に努め，必要な場合には環境の保全の見地から意見を述べる」に止まっており，環境影響評価法第23条で定められているような，環境省が第三者機関としてチェックできる仕組みが含まれていない．

上記のガイドラインを受け，国土交通省が「公共事業の構想段階における計画策定プロセスガイドライン」(2008年)を制定した．このガイドラインでは，地域住民参画促進のためのコミュニケーション手法として，広報資料等による情報提供，ヒアリング，アンケート，パブリックコメント，説明会，公聴会，協議会，ワークショップ等が例示されている．しかし，どの方法で行うかは計画策定者の裁量に任されている．このため，例えば，広報資料を作って配布するだけでもガイドラインに合致していると主張可能である．この方式は，環境影響評価法第17条が準備書について説明会の開催を義務化しているのに比較すると，極めて緩い規定となっており，市民参加が十分保障されていない．

このようなガイドラインの問題が生じているのは，これらが行政機関が自ら定めたものであり，国会の審議を経たものでないためと考えられる．このため，戦略的環境アセスメントは，上記のような市民参加のプロセスなどの問題点を十分に検討した上で，法制化するべきであろう．

IV 海外の生物多様性保全への責務

ここまでは，日本国内の生物多様性保全に関する法規制について検証した．本節では，海外における生物多様性保全に日本政府や企業がどのような責任を負っているかについて考察する．大きくは，直接影響を及ぼす開発者としてのものと，間接影響を及ぼす資源購入者としてのもの

に分けられる．以下，順に見ていく．

1　開発者としての責務

　日本の企業又は政府が海外において資源開発事業を実施する又は投融資を行う場合には，当然のことながら，現地の生物多様性や地域コミュニティに十分配慮する必要がある．前述のように，開発事業に関連する生物多様性保全に貢献する国際的な基準は，いくつか存在している．

　まず「資源メジャー」と呼ばれる世界的な金属資源開発企業が2001年に設立した国際金属・鉱業評議会（ICMM）が，2006年に制定した「鉱業と生物多様性のための良い実践のガイド」がある．このガイドの中では，生物多様性への影響を優先順に，回避，最小化，修正（影響を受けた環境の修復），代償（生物多様性オフセットを含む），改善（鉱業以外の原因による生物多様性への脅威に対する対応）を行い，ネットでプラスの影響を与えることを推奨している（第7章I(2)参照）．さらに，多くの民間金融機関が，開発途上国における開発プロジェクトへ投融資を行う際の自主基準として「赤道原則」を採用していることも前述のとおりである（第3章II(3)参照）．

　また，このようななかで，政府・企業・NGOなどのパートナーシップであるBBOPは，開発事業を行う民間企業による自発的な生物多様性オフセットを推進している（後述）．

　しかし，開発途上国においてノーネットロス政策を実施することには様々なリスクが存在する．例えば，途上国政府が，仮にノーネットロス政策を採用していたとしても，政府のガバナンスの弱さや，ノーネットロス政策の基本である回避，最小化，代償の優先順位の理解が不十分なために，本来は開発を回避すべき法律に基づく保護区において，その保護区の指定指定を解除して開発を許可する可能性がある．

　途上国での生物多様性オフセットの実施のためには，各国の生物多様性国家戦略での位置づけを明確化し，戦略的アセスメントの実施や土地利用計画の策定などの政策との関連を考慮しながら，その導入の適否を検討することできるような仕組みを構築することが重要であろう．このためには，途上国自らがそのような仕組みを構築することが困難な場合

も予想されるため，日本は，開発途上国に対し必要な能力構築（capacity building）のための財政的・技術的支援を行うべきである．

JICA が定める新環境社会配慮ガイドラインは，既に国際的に認められている各種のガイドラインと同等以上のレベルで，日本政府が支援する開発途上国における生物多様性保全と地域社会の持続可能な発展に配慮するよう定め，その厳格な実施を監視していくべきであろう．

2　資源の購入者としての責務

日本は多くの資源を海外に依存している．このため，日本の資源購入（調達）は間接的に現地の生物多様性や地域コミュニティーに大きな影響を与えている．海外からの資源をその品質と価格のみで購入を行うと，原産国における生物多様性の破壊や，現地住民・先住民族の人権侵害や貧困問題の原因となる可能性もある．すなわち，逆に，現地の生物多様性や地域住民社会に配慮した資源を購入することで，開発途上国の貧困撲滅や持続的経済発展に貢献することもできる．

以上のことから，日本は，国際社会の一員として世界の持続可能な発展のため，その海外からの資源の購入行動を通じて世界の生物多様性保全や貧困撲滅に貢献するべきであろう．このような政策目標を達成するためには，政府の役割は非常に大きい．以下では，海外からの資源購入における生物多様性配慮に関する政府の施策について，国内外の現状とその課題を明らかにする．

(1)　現　状
〈木　材〉

木材については，FSC や PEFC[54] などの民間の自主的な認証制度が普及しつつある．しかし，これらが対象とするのは温帯林などが中心であり，熱帯林の認証林は全体の2.6％を占めているにすぎない．その主な理由は，FSC などの持続可能な管理の認証を受けることに費用がかかるが，現状では，持続

---

(54) Programme for the Endorsement of Forest Certification Schemes (PEFC) は，環境・社会的・経済的に持続可能な森林管理を独立した第三者認証によって認証するもの．

可能な管理によって得られた原料もそうでないものも自由に取引が可能であるため，開発途上国における持続的な管理を行うための追加的なコストを吸収できる市場になっていないためである．このため，民間レベルの自主的な取組みのみでは，熱帯林の森林伐採問題の根本的な解決は難しい．

政府レベルでは，EUなど先進国を中心に，森林伐採の合法性と森林管理の持続可能性を確認するための取組みが進行している．

EUでは2003年に策定されたFLEGT（Forest Law Enforcement, Governance and Trade）行動計画が，包括的な違法伐採対策の一つとして位置づけられており，生産国へのガバナンス改善支援，トレーサビリティシステム構築支援，生産国林産業への投融資資金の規制，そして主要生産国との協定に基づく貿易措置の導入などがセットで効果を発揮するよう制度設計されている．このうち貿易措置としては，EUは，木材輸出国との合意の下，輸出側で合法性が証明された木材のみを輸入許可するという措置を進めている．EUは既にガーナとコンゴ共和国と合意に至り，ガーナとの合意は2009年11月に発効した．続いてカメルーンとマレーシアとの合意したと報道されている．

また，米国では政府調達制度の中で違法伐採対策は導入されていないものの，2008年にレーシー法（Lacey Act）を改正し，違法に生産・取引等された木材の輸入・輸出・販売・購入等を禁止する対策が導入されている[55]．この改訂レーシー法に基づいた違法行為に対する捜査も実際に行われている．

一方，日本においては，2005年に英国で開催されたG8グレンイーグルズ・サミットでの合意を受けて，「国等による環境物品等の調達の推進等に関する法律」（グリーン購入法）に基づく環境物品等の調達の推進に関する基本方針において，合法性，持続可能性が証明された木材・木材製品を国等による調達の対象として推進することとなり，現在その取り組みが進行している．しかし，民間部門による違法伐採された木材の輸入は自由となっており，違

---

(55) レーシー法（1900年制定，1981年大幅改正）は，米国で最も古い野生生物保護の法律であり，野生生物・魚類・植物の違法な売買を禁止している．2008年に成立した食糧・保全・エネルギー法はレーシー法を改正し，広範な植物及び植物製品を法的保護の対象に拡大した．改正法の下では，米国又は他国の植物を保護する法律に違反して取得した植物及び植物製品を国際的又は州間で取引する場合において，輸入し，輸出し，輸送し，販売し，受け取り，取得し，購入することは違法としている（例外規定はある）．また，改正法に基づき，輸入者は輸入宣言書（植物の科学的な名称，輸入額，植物の量，植物を収穫した国の名前）を提出しなければならないこととなっている．

法伐採材の取引は継続が可能である．違法伐採材を根絶するためには，途上国のみの努力では不可能であることから，日本を含めた先進国が EU や米国で採用されているような実効性のある規制策を講じる必要がある．

表6-3：木材に関する取引についての規制など

		合 法 性	持続可能性
規 制	貿　　易	EU（FLEGT）	
	国内取引	米（レーシー法）	
政 府 調 達		日，EU	日[*1]，英，オランダ
民間の自主的な認証			FSC, PEFC など

[*1] 日本の調達基準では，木材の合法性と持続可能性を確認することとされているが，その判断基準が示されていないため，事業者の判断に任されている．
（出所）筆者（籾井）作成

〈木材以外の原材料〉

　木材以外の原材料（鉱物資源や食料資源など）については，合法性や持続可能性を確実にする仕組みは，いくつかの原材料についての限定的で自主的な認証制度以外は存在していない．

　MSC（海洋管理協議会），RSPO（持続可能なパーム油のための円卓会議）などの自主的な取り組みは，企業や消費者の自主的な選択に任されており，認証にかかるコストの負担が，とくに原産国においては大きなハードルとなっている．また，先進国の企業も付加的コストに起因する競争力の低下という観点から取り組みには消極的なところも多く，合法性や持続可能性を確保することは，法的な規制によって義務付けられない限り十分には進まないと言える．

　コーヒーやカカオなどの持続可能な農業産品に対しては民間の自主的取り組みであるフェアトレードの認証などが行われている．

　バイオ燃料については，日本はそのほぼ全量を海外から輸入することとなるが，生物多様性への影響を評価するための基準は今後の検討課題である．

　鉱物資源については，ICMM が生物多様性配慮に関するガイドラインを作成しているが，その適合性を第三者が評価し，認証する仕組みはない．これも今後の検討課題である．

(2) 今後の対応策

　違法伐採材や，原生林を切り払って農地とした際に得られる木材，非持続可能な漁業活動などから得られる資源の貿易を減らすためには，事業者の自主的な取り組みに任せていては，その効果には限界がある．

　米国で導入されたように違法伐採木材などの輸入を規制することは，多くの開発途上国では原生林の伐採が合法的に行われていること，違法伐採であっても合法材として偽装することが行われることから，現時点では，その効果は疑問である．

　また，持続可能な管理に基づく木材のみを取引可能とすることは，そのような管理を行い，かつ第三者の認証を受けるような森林が開発途上国にはほとんど存在しない現状では，実現困難である．

　以上のことから，現状では，国や企業の自主的取り組みに依存せざるを得ないと考えられる．このため，当面の対策としては，国や企業が資源の調達者として，原産国において合法かつ生物多様性や現地コミュニティに配慮して採取された持続可能な原材料の購入を容易にし，そのような購入活動を促進する政策を講じるべきであろう．そのような政策としては，下記のものが考えられる．

① 　企業が自主的に取り組む場合においても，原料が違法に採取されたものではないか，持続可能な管理に基づくものであるかどうか，を自らの力で調査することは容易ではない．このため，現在は木材などの限られた商品について実施されている認証制度の対象を更に拡大していくことが望まれる．また，企業が調達する原料に関する情報を得やすくするため，輸入業者に対し輸入する原材料の原産国表示を義務化することが有効であると考えられる．

② 　木材については，現在は，様々な認証制度が存在していて，業界主導の客観性が疑問視される認証制度も多くみられるため，各国政府又は公的機関が，NGO/NPO や研究機関の協力を得て，それらを整理し，信頼性のある認証制度を構築する必要があるであろう．

③ 　生物多様性へ配慮した持続可能な管理によって得られた「認証製品」の購入を奨励するよう，公共調達においてそれらを優先的に調達

すると同時に，認証されていない原材料の調達を減らす方策を講じる必要があるであろう．なお，その場合，公共調達において生物多様性に配慮したものを判断する基準を明らかにするべきである．また，調達の対象は，生物資源のみならず，鉱物・エネルギー資源も含めるようにすべきであろう．

④ 企業が自主的に持続可能な原材料や製品をより多く調達することを促進するため，各企業の持続可能な原材料の購入実績の報告（及び公表）を義務化することが有効であると考えられる．

⑤ 原産国において地域社会の社会経済状況まで考慮に入れた，生物多様性に配慮した持続可能な管理を実施することは，資金的にも技術的にも容易ではない．このため，途上国における持続可能な管理に関する「能力構築」に対する先進国の支援を拡大する必要があるであろう．

第 7 章 生物多様性ノーネットロス政策の課題

　第5章では，企業の生物多様性保全に関する活動として，直接影響については回避，最小化し，その後に残る影響については代償することによってネットでの影響をゼロ（ノーネットロス）またはプラスとすること（ネットゲイン）が望ましいことを述べた．

　本章では，企業や政府が，自然を改変する開発事業の前後で生物多様性の質と量を維持することを目的としたノーネットロス政策を導入し，生物多様性オフセットを実施することの意義について考えた後，鉱業のケースを例に検討する．その後，現存する海外のノーネットロス政策を米国と EU を中心に検証した後，ノーネットロス政策の実現に役立つ可能性のある生物多様性バンクについて現状と課題を考察し，最後にノーネットロス政策の課題と実現可能性について検討する．

I ノーネットロス政策の意義

　本書では，「ノーネットロス政策」とは，「開発事業が生物多様性に与える影響を，回避，最小化を行い，その後に残る影響については代償措置を講じることによって，生態系の機能のネットでの損失をゼロとすることを法的に義務化すること」と定義することとする．

　なお，「生物多様性オフセット」は，ビジネスと生物多様性オフセットプログラム（BBOP）によると「生物多様性のネットでの損失をゼロにし（ノーネットロス；no net loss），できればネットでの増加（ネットゲイン；net gain）とするよう，社会基盤整備プロジェクトによって生じる生物多様性への不可避な影響を代償するために意図した保全行動」と定義している．

第7章　生物多様性ノーネットロス政策の課題

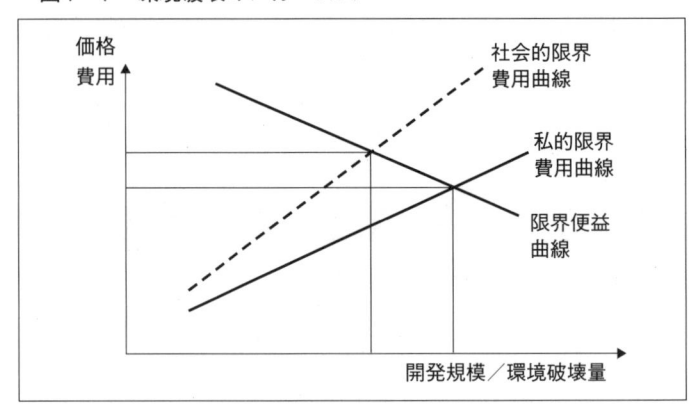

図7-1：環境破壊のメカニズム

[図：縦軸「価格　限界費用」、横軸「開発規模／環境破壊量」、社会的限界費用曲線、私的限界費用曲線、限界便益曲線]

　厳密に言えば生物多様性オフセットは，ノーネットロスを実現するための代償措置として法的に義務化されるものもあれば，企業などが自主的に実施するものもあり，「代償」とは同義ではないが，本章での説明では特に区別する必要はないので，「生物多様性オフセット」は，ノーネットロス政策における「代償」と同義で用いることとする．

　生物多様性への影響の中には，野生生物又はその生息地への影響のみならず，生物多様性に生活を依存している地域住民や先住民族への影響を含む[56]．このため，生物多様性オフセットの実施においては，地域住民や先住民族への影響の緩和と代償措置を実施することが必要である．

〈生物多様性オフセットの意義〉

　一般に，生産者の生産活動が環境破壊をもたらすメカニズムは，次のように説明されている（図7-1参照）．完全競争のもとでは，商品の価格と生産・需要量は，需要曲線と供給曲線の交差する点で決まる．しかし，供給曲線とは，私的限界費用曲線であり，その生産に伴う環境破壊の費用は，生産者の費用には計上されない．このため，その生産量は，社会としての最適な生産量を超えた生産量となり，社会全体としての厚生が最大にならないばかりか，環境破壊も進むことになる（山口）．このような外部不経済に対する対処法としては，社会的限界費用曲線を産出して，その私的限界費用曲線との差額を環境税などの導入により内部化することが提唱されているが，問題は，

---

[56] 国際連合（2007）「先住民族の権利に関する国際連合宣言」を参照．

社会的限界費用の位置を決めることが現実には極めて難しいことである．

　生物多様性オフセットは，開発に伴う生物多様性への負の影響を，代替する土地の生物多様性の正の影響によってネットでゼロとすることである．生物多様性オフセットでは，開発企業が自らオフセットする場合と，外部の第三者が生物多様性保全プロジェクトを実施することで生じるクレジットを購入する場合もある．すなわち，生物多様性オフセットは，開発に伴う生物多様性の減少という外部不経済を発生させないか，もしくは発生するものを内部化するものであり，社会として最適な開発規模を実現するものと考えられる．しかし，生物多様性が全く同じ土地は存在しないため，開発地とオフセット地との同等性を定量的に評価する方法が確立していることが必要条件である．

　また，上記の生物多様性に関するクレジットの取引制度は，従来は市場価格が付かなかった生物多様性の価値に対し，市場価値が付くことであり，その保全への経済的インセンティブが生じることを意味する．このような取引制度は，地球温暖化対策としての温室効果ガスの排出権取引と同様，社会全体としての環境保全費用を最小化するものであり，社会的に望ましいものと考えられる．ただし，生物多様性オフセットは，温室効果ガスとは異なり，世界的に共通の通貨が存在しないため，現状では，クレジット取引が可能な範囲は一定の地域内に限定される．

　以上のことから，生物多様性オフセットは，理論どおりに実現するのであれば，市場での最適資源配分を実現するために経済的に効率的であると考えられる．

　ten Kate は，生物多様性オフセットの可能性と課題を明らかにするために企業，政府，専門家などのインタビュー調査を行った結果，生物多様性オフセットは，開発プロジェクトが生物多様性へ与える負の影響に対処するための有益なツールであると広く認識されているが，これが実現するためには多くの課題があることを指摘した．

II 生物多様性オフセットの意義と評価

1　生物多様性オフセットのガイドライン

　生物多様性オフセットは，2008年5月にボンで開催された生物多様性条約締約国会議（COP 9）において BBOP から提案書が提出された

第7章　生物多様性ノーネットロス政策の課題

(BBOP).

　生物多様性オフセットに対しては賛否両論がある．ten Kate は，生物多様性オフセットの潜在性と制約を探求するために，企業，規制当局，生物多様性の専門家などをインタビューした結果をまとめている．その主な結論は以下の通りである．
　－生物多様性オフセットは，開発プロジェクト自体が適切な場合にのみ実施され，ミティゲーションの優先順位（回避，最小化，代償の順）に従わなければならない．
　－生物多様性オフセットは，自主的なものでも法的に義務化したものでも実現可能である．
　－適切な生物多様性オフセットのためには柔軟な対応が必要である．
　－オフセットの基本原則が適用されるべきである（オフセットにおいては，開発地とオフセット地との生物多様性の同等性が求められる．地域の生物多様性保全の優先順位とのバランスが必要である．オフセットにおいてはステークホルダーの合意が必要である）．

　BBOP は，生物多様性オフセットを探求している生物多様性保全団体，政府，企業，金融機関などが参加するパートナーシップ団体である．
　BBOP は，生物多様性についてのベストプラクティスを開発し，試験し，普及することや，パイロットプロジェクトを通じて，オフセットを実証することを目的としている．
　2008年，BBOP 事務局は下記の文書を作成した．下記のうち，①の資料は，既に述べたとおり，COP 9 の資料として提出された．他の文書は BBOP 内の協議グループ内で検討されている．
　①　討議とコメントのための協議案
　②　生物多様性の損失と獲得を計算する方法
　③　生物多様性オフセットの閾値
　④　生物多様性オフセットとステークホルダーの参加
　⑤　生物多様性オフセットにおけるリスク，不確実性，時間の割引，景観レベルでの保全目標に対処するための乗数の利用
　⑥　サイトの選定と景観レベルの計画

⑦　環境影響評価と生物多様性オフセット
⑧　費用便益計算のためのハンドブック
⑨　生物多様性オフセットの実施のためのハンドブック

以下では，これらの文書のうち，オフセットの原則にかかわる①，②及び③の概要を説明する．

〈生物多様性オフセットの原則〉
以下は，「討議とコメントのための協議案」に記載された生物多様性オフセットの原則である．

生物多様性オフセットの原則（BBOP）

　生物多様性オフセットは，開発活動の影響と生物多様性保全，その構成要素の持続可能な利用及び利益の公正かつ公平な配分とをバランスさせる仕組みの一つを提供するものである．

【原則】
① 生物多様性のネットでのゼロの損失を実現する．この場合，種，生息地，生態系プロセスなどの階層的なレベルを考慮する．また，二次的な影響や累積的な影響も考慮する．種のレベルでは，既知の絶滅危惧種（例：IUCN レッドリスト種）の危険度のレベル（threat status）が変化しないことや，現在の世界的な絶滅リスクが増加しないことを評価基準とすることができる．
② ミティゲーションの優先順位に従う（生物多様性への影響を回避し，最小化し，回復させた後に残る顕著な負の影響を代償する）．
③ 景観の文脈で計画し，実施すること．
④ ステークホルダーの参加（生物多様性オフセットのすべての段階での意思決定へのステークホルダーの全面的かつ効果的参加）．
⑤ 公平性（ステークホルダー間でのプロジェクトに付随する権利と責任，リスクと報酬を公正かつバランスが取れるように配分する）．
⑥ 長期的な成功を目指す．
⑦ 透明性を確保する．

〈原則②の説明〉

　ミティゲーションにおいて，プロジェクトによる生物多様性への影響が受け入れ可能かどうかは，一般的には，ステークホルダーによってケースバイケースで判断される．その判断では，影響を受ける生物多様性の非代替性（irreplaceability）と脆弱性（vulnerability）の考慮が基礎となる．

　生物多様性の損失を代償する方法がないプロジェクト（例：地域の固有種の絶滅につながるもの）は，オフセットができない場合がある．仮に，そのようなプロジェクトの実施が政府当局によって許可される場合には，その実施する代償措置が意味のあるものであったとしても，それらは生物多様性オフセットとはみなさない．

〈課題と限界〉

- 生物多様性オフセットに対しては，不適当なプロジェクトを進めるものではないかという懸念がある．すなわち，生物多様性オフセットは，生物多様性への顕著な影響があり，多くの場合には受け入れ不可能と判断されるプロジェクトが，その損害がオフセットされることによって，これを容易に実施可能となることが懸念されている．原則②（ミティゲーションの優先順位）などの厳格な適用が求められる．
- 追加性が欠如していることが懸念される．オフセット活動は，本来は，新規であり，かつ追加的なものであるべきである．しかし，プロジェクトがなくても実施させる生物多様性保全活動などもオフセットとして計算されることが懸念される．
- コストの移転．生物多様性オフセットが，政府の生物多様性保全投資に代替し，その投資が減少することが懸念される．生物多様性オフセットは，政府の施策を補完するものとすべきである．
- リーケージ（オフセットが別の生物多様性への負の影響を与える可能性がある）
- 実施能力の欠如（オフセットを実施する主体が，実際に目標通りのオフセットを実施できるかどうかが懸念される）
- 定量化とオフセット設計の課題（オフセットによるノーネットロスを定量的に評価する手法が適切かどうか）

2　鉱業における生物多様性オフセットの適用とその課題

　本節では，地下資源を採掘するために広範囲の自然の植生を除去する

だけでなく，大量の鉱山廃棄物を発生させるため，地域の生物多様性へ与える影響が大きい「鉱業」を事例として，企業の社会的責任（CSR）としての自主的な生物多様性オフセットの実現可能性を検討する．

このため，筆者は鉱山企業や自然保護団体などのインタビュー結果を行った[57]．

〈世界の鉱山企業の取り組み〉

鉱物資源の開発事業をめぐっては，世界各地で現地住民とのトラブルが発生してきた．代表的な事例の一つとしては，パプアニューギニアでBHP（現，BHPビリトン）を中心とするコンソーシアムが開発したオクテディ（Ok Tedi）銅鉱山では，多量の鉱山廃水・選鉱廃さいやズリ（掘削土）が川に流されて，川の生態系を破壊したため，被害を受けた先住民が国際法廷に提訴した（石油機構，2005）．

「資源メジャー」と呼ばれる世界的な鉱山企業は，資源開発が地域住民や環境に与える影響が原因となって世界的に鉱山開発が困難となっている事態を改善するため，鉱業の持続可能な開発の問題を検討する機関として2001年に国際金属・鉱業評議会（ICMM）を設置した．ICMMは，2003年に「持続可能な発展のための鉱業の10原則」を採択し，その原則の一つとして，「生物多様性の維持と土地利用計画への統合的取組に貢献すること」を挙げた．この原則では，①法的に指定された保護区を尊重する．②生物多様性アセスメントとマネジメントに関する科学的データを用い，その実践を促進する．③土地利用計画，生物多様性保全と鉱業に対する統合したアプローチのための科学的に健全で，包含的で，透明な手続きの実施を支援すること，を挙げている．

ICMMは，GRIガイドライン（2002年）に付属するものとして鉱業・金属セクターのガイドを作成した（2005年）．そのガイドでは，各社は毎期の報告において下記を公表することを推奨している[58]．

① 改変されたが復元されていない土地の合計（今期初めの残高）
② 報告期間に新たに改変した土地の面積の合計

---

[57] 筆者（宮崎）は，2007年から2008年にかけて鉱山企業4社と自然保護団体3団体のインタビューを行った．

[58] GRI第2版（2002年）では，「EN23. 生産活動や採掘のために所有，賃借，管理している土地の全量を報告すること」とされていたが，これはGRI第3版（2006年）では削除されている．

③ 報告期間に新たに復元した土地の面積の合計
④ 改変されたが復元されていない土地の合計（今期末の残高）

さらに，2006年には，上記のコミットメントに対応し，鉱業のライフサイクルを通じて生物多様性マネジメントを改善するための手段を提供するための「鉱業と生物多様性のための最良の実践のガイド」を制定した．このガイドでは，鉱業活動が生物多様性へ与える影響をミティゲーション（緩和）するため，次の優先順位で取組むことを推奨している（ICMM, 2006）．

① 回避（avoid）：潜在的な影響を防止又は制限するために鉱業活動を調整すること（例：立地点の変更や加工工場の設計を変更すること）．極端な例は，開発を実施しないことである．
② 最小化（minimize）：好ましくない影響を低減するために行うもの（例：湿地の富栄養化をもたらす燐を排水から除去する第3次処理を導入する）．
③ 修復（rectify）：影響を受けた環境を復元又は回復すること（例：鉱山開発の以前の土地利用や生物多様性の状態を回復するために，鉱山跡地などに自然を再生すること）．
④ 代償（compensate）：代替する資源や環境を提供することにより影響を代償する．代償は，最後の手段として実施すべきであり，生物多様性オフセット[59]を含む．

ICMMとしては，生物多様性オフセットは，開発と保全の両方を同時にもたらす強力なツールとして用いることによって，生物多様性にも鉱業にも便益となる可能性があると好意的に評価しているものの，多くの未解決の課題が多くあるため，環境保全団体や政府などとの対話を行っていきたいとしている（ICMM, 2005）．

もし，鉱山企業が，このような生物多様性オフセットにより鉱業が生

---

[59] さらに，ICMM (2006) では，ミティゲーションを超えて，生物多様性を高めるために行う「改善（enhancement）」についての指針を示している．この改善とは，鉱業以外の原因による生物多様性への脅威（例：過剰な放牧）や，生物多様性を保全するための組織の欠陥や科学的知識の不足などの問題の解決に貢献するものである．

物多様性へ与える影響をネットでゼロにすること（ノーネットロス）を目標とし，もしそれが実現するのであれば，少なくとも絶滅危惧種の絶滅リスクには中立となる可能性がある．すなわち世界的に懸念されている生物多様性の減少速度を加速化することには加担しないこととなる．さらに，ネットでの正の影響を与えることが可能となれば，生物多様性の減少速度を低下させることに貢献し，CBDの目的達成に貢献する可能性があると評価できるであろう．したがって，鉱山企業のCSRとしての生物多様性保全活動を評価する場合には，生物多様性のオフセットによるノーネットロスの達成を評価基準とすることが考えられる．しかし，この基準を現実に適用するためには，生物多様性オフセットの実現可能性を明らかにする必要がある．

〈企業の取組の現状〉

　最初に世界の鉱山企業の生物多様性保全への取り組みの現状を見てみる．企業の社会的責任に関する報告書（以下「CSRレポート」という）の世界的な指針であるGRIガイドライン（2006）では，既に述べたように，企業が保有する土地（EN11），企業の活動が生物多様性へ与える影響（EN12）をコアの指標とし，保護又は復元した土地（EN13），企業の戦略・計画（EN14），事業によって影響を受ける土地の絶滅危惧種（EN15）に関する情報を追加的な指標として情報公開することを推奨している（第3章Ⅱ2参照）．

　企業の取組を評価する場合には，まずは生物多様性保全を経営方針と掲げ，その方針に沿って計画的に保全活動を実施しているかどうかが出発点として重要である．このため，以下では，GRIガイドラインにおけるEN14について各企業の取組を見てみる．

　本節では，石油機構（2007）が資源メジャーと呼んでいる23社（最近の企業買収等で4社が消滅したため，現在では19社）のうち，CSRレポートをWeb上で公表している下記の13社を対象として，各社の取組を比較した．

〈CSRレポートをWeb上で公表している13社〉
　BHPビリトン*（豪），アングロ・アメリカン*（英），リオ・ティント*（豪／

第7章　生物多様性ノーネットロス政策の課題

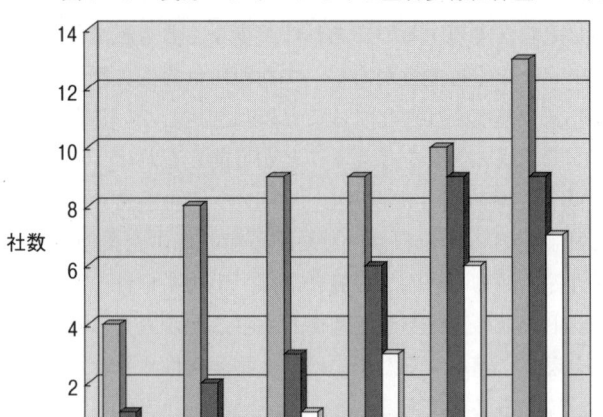

図7-2：資源メジャーにおける生物多様性保全への取組み

（グラフ：縦軸「社数」0〜14、横軸2001年〜2006年）
凡例：
■ CSRレポート公表企業
■ 生物多様性保全を目標に明記する企業
□ 生物多様性保全計画を作成している企業

出所：筆者（宮崎）作成

英），コデルコ（CODELCO）（チリ），エクストラータ*（英），ニューモント・マイニング*（米），テック・コミンコ（Teck Cominco）*（加），フリーポート・マクモラン（Freeport-McMoRan Copper and Gold）（米），バリック・ゴールド（Barrick Gold）（加），ゴールド・フィールド（Gold Fields Limited）*（南ア），ジニフェックス（Zinifex Limited）*（豪），ハーモニー・ゴールド・マイニング（Harmony Gold Mining）（南ア），ボリデン（Boliden AB）（スウェーデン）

注）2005年の売上高順．＊ICMMメンバー企業．括弧内は本社所在国．

　上記13社のうち，①過去5年間にCSRレポートを公表し，②企業の方針として生物多様性保全を明記し，③生物多様性保全計画を策定・実施した企業数は図7-2の通りである．このように生物多様性への取組みを行う企業は増加しており，2006年時点では過半数の企業が生物多様性保全を企業の経営方針として掲げ，その保全計画を策定・実施している．
　これらの企業の多くは事業活動が生物多様性へ与える影響を最小化することを目的としているが，このうち，BHPビリトン[60]，アングロ・アメリカン，リオ・ティント[61]，エクストラータの4社が生物多様性

150

Ⅱ　生物多様性オフセットの意義と評価

写真：米国ユタ州のリオ・ティント社の銅精錬工場（撮影者：宮崎）

写真：リオ・ティント社がオフセットのためのユタ州に設置した湿地（撮影者：宮崎）

オフセットを実施又は計画していることを公表している．このように生物多様性オフセットを企業の方針に採用している企業が少数であるのは，このICMMガイドラインには拘束力がないためである．

　リオ・ティントは，マダガスカルで実施する鉱山開発では，代替地での生物多様性保全プロジェクトを実施することにより，生物多様性オフセットを実施している．また，エクストラータは豪州で，既に石炭開発でオフセットを3件実施しているほか，1件が州政府と交渉中である．

---

(60)　BHPビリトンは，企業の方針として，人々，ホスト国のコミュニティと環境への損害をゼロとすることを掲げている．
(61)　リオ・ティントは，生物多様性に対しネットで正の影響を与えること（net positive impact）を目標に掲げている．

第7章　生物多様性ノーネットロス政策の課題

　以上のように，世界の鉱山企業は，生物多様性オフセットに自主的な取組を開始している．次に，鉱業における生物多様性オフセットの意義と課題について考察する．

〈鉱業における生物多様性オフセットの意義〉
　最初に，鉱業における生物多様性オフセットは，鉱山企業，ホスト国政府，地元の住民や先住民，さらには自然保護団体にとって，それぞれどのような意義があるかを検討する．

(1)　鉱山企業にとっての意義

　鉱山企業は，生物多様性に及ぼす影響を可能な限り回避・最少化することによりホスト国の法令に従って鉱山開発の許可を得たとしても，不可避の負の影響が残る場合には，将来自然保護を求める地域住民や環境保護団体の反対運動や訴訟が提起されるリスクは残る[62]．したがって，企業が地域住民などのステークホルダーと合意して生物多様性オフセットを実施すれば，そのようなトラブルのリスクを低減できる．近年，世界的に新規の鉱山開発が難しくなっており，必要な投資額も増加する傾向にある．このため，企業としては，生物多様性オフセットがこのようなリスクの軽減に貢献するのであれば，企業のリスクマネジメントの一つの手段として実施することは有益であろう．

　また，鉱業における生態系の改変は一時的なものであり，閉山後では，事前に合意された土地利用方法に応じ，鉱山跡地は復元される．生物多様性保全に配慮した復元は，「適切な復元技術と閉山後の環境の範囲内で，開発以前の生態系にできるだけ類似で，持続可能な自然の生態系を確立すること」(ICMM, 2006) とされている[63]．このような復元においては，開発以前の生態系にできるだけ近づけようとすると，必要となる追加費用は逓増する．このため，企業にとっては，復元によって開発以

---

[62]　既述のオクテディ銅鉱山の例を参照．
[63]　通常は，閉山後の露天掘りの跡地は緑化されるが，掘り出した土石が埋め戻されることはない．また，日本では，廃鉱山から出てくる地下水などが有害物質を含んでいる場合にはその無害化のための排水処理を半永久的に行うことが法的に義務化している（筆者の鉱山企業に対するインタビューによる）．

前の状態への復元を100％目指す努力を行うよりは，他の地域の生態系を復元・保全することによってオフセットする方が，費用は低くなるであろう．すなわち，生物多様性オフセットは，鉱山企業に対し経済性の高いミティゲーション方法を提供できる可能性がある．しかし，一方では，十分な復元を行うことなしに安易に生物多様性オフセットを行う場合には，地元住民などからの批判を受けるおそれがある．

以上のことから，生物多様性オフセットは，鉱山企業にとっては世界的に困難となっている鉱山開発のリスクを低減するとともに，経済性が高いミティゲーション手段を提供できる可能性がある．しかし，本来は回避しなければならない場合であっても，経済性の視点からは，回避よりも安価な代償が実施可能な場合には，代償が優先される可能性があることに注意すべきであろう．このため，回避，最小化，代償というミティゲーションの優先順位が遵守されることが不可欠である．

(2) ホスト国にとっての意義

次に，ホスト国（多くの場合は開発途上国）にとって，生物多様性オフセットはどのような意義あるかどうかを検討してみる．自国内で鉱山開発を行うことは，その国の主権的権利であることは国際法上認められている．国が自国の経済発展のために鉱山開発を行うことは当然の権利であるが，それに伴う生物多様性を含む環境の破壊は最小限とする必要がある．しかし，鉱山の閉山時の復元を元の状態に100％まで実施するよりは，オフセットによって生物多様性がより重要な他の地域での保護を行ったほうが，国全体としての生物多様性の保全のためには費用対便益は高いであろう．しかし，このような点を強調し，経済原理にのみ任せておくと，オフセットを実施することによって閉山後の完全な復元が実施されず，その地域の先住民族や地域コミニティが当然代償されるべき利益が損われる可能性があることに注意すべきである．

生物多様性オフセットは，上記のような懸念に適切に対処し，地域コミュニティの利益に十分配慮するのであれば国にとって，生物多様性の保全と両立する鉱山開発を可能とするものであろう．

第7章　生物多様性ノーネットロス政策の課題

(3) 地域住民・先住民族にとっての意義

　一方，生物多様性オフセットは地域の住民や先住民族にとってどのような意義があるのであろうか．一般的には，地域社会に対しては，鉱山開発は雇用拡大などの経済的なメリットをもたらすが，このような経済的なメリットは一時的なものであり，閉山後はその増加した雇用が継続的に確保できるかどうかが問題となる．現実には，鉱山会社は閉山後の社会の持続性確保のために地域住民に対し人材育成や社会基盤整備などの協力を実施する場合が多い．このような措置が効果をもち，地元に継続的な雇用が確保できるか，もしくは人材育成を受けた元従業員が他の地域での職に就くことができれば，地域住民にとって鉱山開発は意義があると考えられる．

　しかし，鉱山活動によって改変される土地の生物多様性にその生活に必要な資源（例：食糧や燃料）を依存している地域住民や先住民族は不利益を被る．このような負の影響が，代替地の復元・保全などでオフセットされるのであれば（住民の移住が必要となる場合もあり，負の影響がオフセットされることは容易でない場合が多いが），ネットでの社会的な影響がゼロとなり，さらに住民の生活レベルの向上につながるような有益な支援が企業によって提供されるのであれば，地域住民・先住民族にとっても，ネットでの影響がプラスとなる可能性がある．ただし，開発途上国においては，先住民の権利が十分保障されておらず，その利益が無視される可能性もある．ICMM（2006）では，鉱山事業の計画段階において地域住民と先住民族などのステークホルダーを見つけ出し，彼らとの協議を早期に行うことが重要であることを指摘しているが，現実的にこれが実施されるかどうかは不確実であり，ケースバイケースで判断するとともに，事後の十分な監視が必要であろう．

(4) 環境保護団体にとっての意義

　現在，BBOPは，生物多様性オフセットの実施のガイドラインを検討するとともに，パイロットプロジェクトを実施している．このBBOPには，鉱業を含む企業のほか，IUCN，WWF，バードライフ・インターナショナル，CIなどの環境保護団体が参加しており，これらの団

体は生物多様性オフセットに対し基本的には好意的である．しかし，他の環境保護団体からは，生物多様性オフセットに対しては反対論もある（ten Kate）．その反対論の論拠は，大きくは下記の3つの疑問に整理できる．

- 生物多様性オフセットの実現性（先例となる米国での湿地オフセット（後述）では，湿地のノーネットロスは達成されていないとの批判がある）
- 重要な生物多様性を有する土地の開発を許す口実となる可能性がある．
- オフセットでは，二次的な影響（例：開発プロジェクトで働く労働者などによるリクリエーション活動がその近隣の生物多様性へ与える影響，鉱山排水による水系生物への影響）が考慮されていない．

以下では，上記の反対論に即し，鉱業における生物多様性オフセットの課題を検討することとする．

〈鉱業における生物多様性オフセットの課題〉
① 生物多様性オフセットの評価方法

生物多様性オフセットにおいては，開発によって失われる土地の生物多様性と類似の生物多様性を有する土地を保全することでオフセットを行うが，厳密には，全く同一の生物多様性を有する土地は二つとない．このため，米国では生物多様性オフセットのために，水文学，生物化学，生物学などに係る様々な指標を用いた湿地の評価方法が開発されてきた．

このような評価方法の中では，ハビタット評価手続き（HEP）は，野生生物のハビタット（生育・生息環境）としての適否という視点から，生態系を総合的に評価する手続きである．米国連邦政府魚類野生生物局が開発したものであり，生物多様性のノーネットロスを定量評価するツールとして最も適した手法の一つである（田中，2006）．しかし，評価のための指標となる生物の選定やその評価手法としての信頼性は，専門家による判断に依存する．

BBOPは，生息地の植生の質と面積で評価する「生息地ヘクタール法」（後述）と，種の個体数の持続性に関する指標で評価する方法を提案している．

いずれにしても，生物多様性オフセットにおいては，何を指標としてノーネットロスを評価するかを，ステークホルダーとの合意に基づいて選定することが重要である．

第7章　生物多様性ノーネットロス政策の課題

② 不確実性への対処

　米国での湿地オフセットの事例のように，生物多様性オフセットにおける代替地の復元や創造には不確実性があるため，オフセットは当初の目標通りの機能を発揮せず，ノーネットロスが実現しない場合がある．鉱業におけるオフセットについても，このような不確実性は存在する．このため，生物多様性オフセットにおいては，オフセット実施後の状況を監視し，必要となる是正措置を講じる必要がある．ICMM（2006）では，閉山後の復元の監視については，地域住民が関与することを推奨しており，この手法が効果的であった事例が紹介されている．

③ ミティゲーションバンクの利用の可能性

　鉱業における生物多様性オフセットの場合は，仮に鉱山開発の開始と同時にオフセットが行われることを想定しても，生態系が完全な機能を発揮するためには数年以上の年月がかかるため，その間に生物種の絶滅リスクが高まる．しかし，ミティゲーションバンクの利用は，このようなタイムラグをなくす効果がある．このため，鉱業の生物多様性オフセットにおいても，ミティゲーションバンクを活用することは十分考えられる．

　しかし，米国の事例では，開発業者がミティゲーションバンクからクレジットを購入する契約を締結すると生物多様性オフセットの実施の法的責任はミティゲーションバンクに移行する．このミティゲーションバンクがその後，契約に反して生物多様性保全活動を行わなかったり，途中で経営が悪化して倒産するなどのリスクも考えられる．

　このような質の低いミティゲーションバンクが存在すると，市場の混乱を招くだけでなく，生物多様性のノーネットロスが実現しないことになる．したがって，ミティゲーションバンクについては，何らかの法的規制が不可欠であろう．

　一方，重要な生物多様性を有する民有地がミティゲーションバンクとして設立されることも想定される．そのようなミティゲーションバンクからクレジットを購入することは，生物多様性の保護のための経済的インセンティブとなり，生物多様性保全の政策上は望ましいものとなる可能性がある．このようなミティゲーションバンクの問題点とその改善策は，本章のⅢで詳しく述べることとする．

④ 重要な生物多様性を有する土地の開発を許す口実となる可能性

　既に述べたように，ICMMが定めた鉱業の10原則では，法的に指定された保護区を尊重するとあり，重要な生物多様性を有する土地の開発は避けるべ

きことは認識されている．しかし，法的に保護区として指定されていない土地にも貴重な生物種が生息・生育している場合がある．そのような土地の開発においては，鉱業活動が生物多様性へ与える影響をミティゲーションするため，優先度順に，①回避，②最小化，③修復，④代償（生物多様性オフセットを含む）することが推奨されている．

　企業がミティゲーションを実施する場合，回避・最小化・修復の費用と比較して，生物多様性オフセットの費用が高い場合には，経済原則からも，回避・最小化・修復が優先的に実施されるであろう．しかし，第三者が設立するミティゲーションバンクから安価なクレジットが利用可能な場合には，企業はそのようなクレジット購入を優先する可能性がある．このようなことを防ぐため，鉱山企業が回避・最小化・修復の努力を十分に行ったか否かを外部のステークホルダーが監視する仕組みを作る必要があると考えられる．

⑤　二次的影響のオフセットの実現可能性

　既に述べたように，鉱業では，土地を改変することによる生物多様性への一次的な影響だけでなく，その事業活動が引き起こす二次的な影響が考えられる．その例としては，排水が水系生物に与える影響，労働者などの人口増加によって起きる生物多様性への影響，未開発地域に新規に道路ができることによってそれを利用した違法伐採の増加などが考えられる．

　このような二次的影響は，予測することは困難であり，あらかじめ生物多様性オフセットによって対応することは不可能であると考えられる．また，その対応策は企業として対応できる範囲を超える場合も想定される．

　このため，二次的影響については，行政や地元住民などのステークホルダーと十分な協議を行い，予防的取組と順応的アプローチの原則により，あらかじめ予防策を講じ，結果的に想定外の影響が現れた場合にはそれに応じた是正措置を講じる仕組みを事前に構築することが必要であろう．

⑥　開発途上国で行う場合の問題点

　途上国においてノーネットロス政策を実施することには様々なリスクが存在する．例えば，途上国政府が，仮にノーネットロス政策を採用していたとしても，政府のガバナンスの弱さや，ノーネットロス政策の基本である回避，最小化，代償の優先順位の理解が不十分なために，法律に基づく保護区の指定を解除して開発を許可する可能性がある．

　途上国での生物多様性オフセットの実施のためには，各国の生物多様性国家戦略での位置づけを明確化し，戦略的アセスメントの実施や土地利用計画

第7章　生物多様性ノーネットロス政策の課題

の策定などの政策との関連を考慮しながら，その導入の適否を検討することできるような仕組みを構築することが重要であろう．このためには，先進国は，開発途上国に対し必要な能力構築（capacity building）のための財政的・技術的支援を行うべきであろう．

〈まとめ〉

　生物多様性オフセットによるノーネットロスを経営の目標とする鉱山企業は，目標とするノーネットロスが実現するのであれば生態系の質と量が開発の前後で維持され，これによって絶滅危惧種の絶滅リスクには中立となることから，世界的に懸念されている生物多様性の減少速度を加速化することには加担しないこととなる．さらに，進んで生物多様性へネットで正の影響を与えることが可能となれば，生物多様性の減少速度を低下させることに貢献し，CBDの目的達成に貢献すると評価できるであろう．

　以上のことから，鉱山企業のCSRとしての評価基準として，生物多様性オフセットによるノーネットロスは適切であると考えられる．しかし，生物多様性オフセットが意図通りの結果をもたらすためには，下記の条件を確保する必要がある．

- すべてのステークホルダー（特に，地域住民や先住民族）の関与を促進すること．
- 生物多様性オフセットの実施後を監視し，必要があれば是正措置を講じること（順応的アプローチ）
- ミティゲーションバンクを利用する場合にはその持続可能性を確保すること
- 二次的な影響を代償又は是正するための仕組を検討すること

　本節では，鉱業における生物多様性オフセットの適用の問題について検討したが，生物多様性オフセットの一般的な適用の問題点は以下の節で検討する．

3　生物多様性オフセットの定量的評価方法

　生物多様性オフセットを可能とするためには，開発によって失われる土地の生物多様性と比較し，回復，創出，改善，保全される土地の生物多様性が代償として同等であることを評価するための定量的な評価方法が必要である．

Ⅱ　生物多様性オフセットの意義と評価

(1) 湿地のオフセットを評価する方法

　米国では，湿地のオフセットが義務化しているため（次節参照），その評価を行うための多くの手法が開発されてきた．

　「湿地の影響評価手続きの包括的レビュー：湿地実務者へのガイド」(Bartoldus) は，このような湿地の生物多様性評価のための40の手法を紹介している．この中で現在，代表的な評価手法となっているのが「ハビタット評価手続き」(HEP) と「湿地評価手法」(Wetland Evaluation Technique；WET) である．

　米国では，1970年代は，湿地評価手続きは，議論のある大規模なプロジェクトの計画や湿地のインベントリー（目録）作成が目的であり，湿地の様々な機能のうちの一部機能と価値に焦点を当てたものであった．このような努力の結果，生物多様性の評価手法の開発は，米国魚類野生生物局の HEP の開発によって技術的な頂点を迎えた (Bartoldus)．HEP は，選定した野生生物の種のための利用可能な生息地の質と量を定量的に評価するものである．

　また，米国内の様々なプロジェクトが湿地に与える影響を短期間で評価するための必要性から，陸軍工兵隊と連邦高速道路局の指導の下に，1980年代には WET が開発された．水質浄化法404条規制（後述）の計画的又は技術的な要求事項に応じるため，陸軍工兵隊はその後，HGM 手法 (Hydrogeomorphic Approach)[64]を導入した．

　これらの手法は，連邦政府によって，湿地の埋立てに関する規制の目的で作成されたものであるが，それらが公表された結果，米国各地で地域の事情や対象とする湿地の特性に応じた様々な手法が開発された．このような多くの手法の中でも最もよく利用されているのは，各州で認可されている評価手法をまとめた表7-1によると，HEP と WET である．

　WET は湿地のみが評価の対象となるが，HEP は湿地に限らずすべて

---

[64] ある湿地の機能を，近隣で同種の参照となる湿地と比較して，0～1.0に指数化し，それを当該湿地の面積をかけることで得られる数値で評価する．例えば「微粒子の保持」の機能であれば，水路の幅に対する氾濫原の幅の比率，堤防を越える洪水の頻度，氾濫原の貯水量，氾濫原の傾斜，氾濫原の凹凸などが変数として用いられる (Bartoldus)．

第7章　生物多様性ノーネットロス政策の課題

表7-1：主要な機能評価手法の各州による認可状況

順位	名称	州数[注1,注2]
1	HEP	51（ 0）
2	WET	51（30）
3	PFC[注3]	15（ 0）
4	Synoptic Approach	15（ 0）
5	Wetland Rapid Assessment Procedure	15（14）
6	Larson Method[注4]	11（ 0）
7	Interim HGM	10（ 0）

注1：「州数」は，1998年時点で当該手法を認可している州の数を示している．
　　州数にはワシントンD.C.を含み，合計51となる．
注2：括弧内は内数で，認可されていても実際に使用した報告が1998年時点で
　　はまだなかった州数である．
注3：Process for Assessing Proper Functioning Condition（川岸などの湿地を
　　評価する手法）
注4：Models for Assessment of Freshwater Wetlands（野生生物の価値，地下
　　水の潜在力，視覚・文化価値を評価する手法）
（出所）Bartoldusから筆者（宮崎）作成

の生態系の評価に用いることができ，汎用性を有している（表7-2）．
次にHEPの概要を説明する．

(2) HEP（Habitat Evaluation Procedure）の概要

　HEPは，ミティゲーションのための生息地評価手法として米国において最も標準的に行われてきた手法である（森本・亀山）．また，HEPは絶対的な生物生息環境評価としての厳密性を科学的に追求するものではなく，合意を得るための手続きであり，開発側と保全側の意見の調整を図ることによって，おおよその評価の正当性を保障しようとするものである（同）．

　HEPについては，田中（2006）が詳しく紹介している．HEPは，野生生物のハビタット（生育・生息環境）としての適否という視点から，生態系を総合的に評価する手続きである．生物多様性に対する負の影響を他の土地での生物多様性の復元等を行うこと（代償）によってネット

表7-2：HEPとWETの比較

	HEP	WET
開発者	米国魚類野生生物局	アメリカ運輸省，陸軍工兵隊
年	1976年（1980年）	1987年
対象域	野生生物生息域	湿地
評価対象	野生動植物（その選定は専門家が協議して決定する）	湿地の機能と価値（地下水涵養，洪水調節，有機物固定，レクリエーション，野生生物及びバイオマスなど）．生息域としての適性（14の水鳥群，4つの淡水魚類，湿地依存鳥類120種など）
評価法	生物環境適合度指数（HIS）モデルで野生生物ハビタット単位（HU）を算出する．	フローチャート化された質問項目に対して湿地機能を，低，中，高の3段階評価し，多様な機能を相対評価する．
利用	現況と将来の予測ミティゲーション計画の経年的評価，代替案の比較	整備された湿地と対象湿地あるいは影響を受ける前と比較する．
評価範囲	事業の影響範囲	湿地の社会的影響範囲
利点	HSIモデルで経年的な評価が可能．人間のレクリエーションや経済活動をHISに組み込んで評価することも可能．	生物だけでなく，物理環境やレクリエーションなどの社会的機能も評価．
課題	HISとその信頼性については専門家の判断に頼っている．	3段階評価であって，時間とともに自然環境の質が改善していくことを予測するシミュレーション評価には適切ではない．アメリカ全土での適用を前提としているため，地域的に稀少な湿地の評価が低いこともある．

（出所）森本・亀山から筆者（宮崎）が作成

での損失をゼロとする「ノーネットロス」を定量評価するツールとしてHEPは最も適した手法の一つであるとされている．

〈HEPの基本的なメカニズム〉

　HEPは，評価対象である複数の生態系をある特定の生物（評価種）のハビタットとしての適否の度合いから比較する手法である．

　HEPは選んだ評価種のみに適用されるため，評価種の選定に問題があると，調査の結果にも大きな問題を生じさせてしまう可能性がある．評価種は通常，脊椎動物（特に，哺乳類・鳥類・魚類）から選ばれることが多い．これは，動物は植物よりも食物連鎖の上位を占めるという点で，よりよい生息地の指標となると考えられるためである（日本生態系協会，2004）．

　現実のハビタットは複数の環境要因で成立しているため，一つの評価種に複数の適性指数（SI）モデル[65]を用意する．ハビタット適性指数（HSI）は，複数のSIを掛け（又は足し）合わせて統合することで得られる．

　これに評価対象となる地域の面積をかけると，

　HU（Habitat Unit）＝ HSI ×（面積）

が得られる．

　これを評価区域全体で合計するとTHU（合計ハビタットユニット）が得られる．

　さらにこれに時間（期間）の評価軸を加えるために，時間（年数）を乗じると，CHU（累積的ハビタットユニット）が得られる．

　つまり，CHUは，評価種の生息地としての適性度合いを，「質」，「空間」，「時間」のすべての概念を含んだ総合的な評価指数である．

　開発事業によって失われる自然生態系のCHUを計算し，これに対して代償するサイトで復元する自然生態系のCHUを計算し，これらを比較することによって，ノーネットロスが実現するかどうかを判定することができる．

(3) **ハビタット・ヘクタール法**

　HEPやWETに加え，ハビタット・ヘクタール法（habitat hectares）

---

[65] 一つの環境要因と評価種にとってのハビタットとしての適性を指数化したもの．生息地としての適性がゼロである0から，最適な生息地である場合の1.0までの数値で表される．

Ⅱ 生物多様性オフセットの意義と評価

表7-3：ハビタット・ヘクタール法における生息地評価点（habitat score）の要素とウェイト

	要素	数値（最大値）(%)
サイトの条件	大きな木	10
	樹冠	5
	下層植物（樹木ではない）	25
	雑草が無いこと	15
	加入注	10
	有機物のリター	5
	丸太	5
景観の文脈	パッチの大きさ	10
	近隣	10
	コア地域への距離	5
	合計	100

注　自然増や移入により個体数が増加すること．
（出所）Parkesから筆者（宮崎）作成

も採用されている．ハビタット・ヘクタール法は，景観の中での自然の保全活動の優先順位を付ける場合に利用できるよう，現存する自然の植生の質の評価をより客観的かつ明確に行うために開発されたものである（Parkes）．

　この手法は，評価対象とする土地と同じ生態系のタイプの自然又は人為的に改変されていない状態での植生の成熟した状態をベンチマーク（基準）として，評価対象の土地の現在の植生の状態を比較するものである．

　既述のリオ・ティント社がマダガスカルにおいて実施している鉱山の生物多様性オフセット事業では，この手法をベースとした評価方法を採用しているとのことである（同社の担当者へのインタビューによる）．

第7章　生物多様性ノーネットロス政策の課題

III 海外におけるノーネットロス政策

1 概　要

　多くの国では，開発事業が生物多様性を含めた環境に与える負の影響を軽減するため，環境アセスメントを行うことが義務化している．このような負の影響を軽減することは，世界で最初に環境アセスメントが導入された米国では総じて「ミティゲーション（緩和）」と呼ばれており，その具体的手法としては，回避，最小化，代償という種類と優先順序がある．

　米国では，開発によって急速に減少している湿地（wetland；湿地，河川，湖沼などを含む）については，公共か民間かの区別なく，水質浄化法（Clean Water Act）により，開発の前後での湿地の総面積と質が現状維持されること（ノーネットロス）が事業者に義務づけられている．また，絶滅危機種法（Endangered Species Act）では，絶滅危惧種の中でもっとも絶滅リスクの高いカテゴリー1の指定種についてはノーロス（即ち，開発などの中止）を，カテゴリー2および3の指定種についてはノーネットロス（即ち，代償ミティゲーションによる損失の相殺）が政策目標となっている．

　また，近年，米国以外の国でもノーネットロス政策及びそれを実現するための代償ミティゲーションが普及しつつあり，それらの国では「代償ミティゲーション」を「生物多様性オフセット」と称することが多い．EUではハビタット指令や鳥類指令により全加盟国に対してナトゥラ2000（Natura 2000）の指定地域での生物多様性オフセットを義務づけている．また，ドイツ，イギリス，オランダ，オーストラリア，ニュージーランド，カナダ，ブラジル，メキシコなどの国では，ノーネットロスを目標とした生物多様性オフセットが既に制度化されており，世界全体で約30の国でこの制度が導入されている（田中・大田黒）．

　このような生物多様性オフセットの考え方は下記の例にあるように国際的な条約やガイドラインにも取り入れられている．

① 1971年に成立した「特に水鳥の生息地として国際的に重要な湿地に関する条約（ラムサール条約）」においては，「締約国は，登録簿に掲げられている湿地の区域を緊急な国家的利益のために廃止し又は縮小する場合には，できる限り湿地資源の喪失を補うべきであり，特に，同一の又は他の地域において水鳥の従前の生息地に相当する生息地を維持するために，新たな自然保護区を創設すべき」(4条2項)とされており，生物多様性オフセットの考え方が取り入れられている．
② IFC（国際金融公社）による「社会と環境の持続可能性に関するパフォーマンス基準」によれば，自然生息地の一切の転換または劣化は適切にミティゲーションすべきであり，そのミティゲーション方策は生物多様性が「純減しない」ように計画されるべきであり，その方法の一つとして，生態学的に類似した生物多様性のために管理される地域を設定することを通じた「損失の相殺」が含まれており，生物多様性オフセットが推奨されている．

また，米国では，個別対応型の代償ミティゲーションに代わり，第三者が開発地以外の土地の生物多様性を事前に復元・創造・保全し，そこでの生物多様性の改善度合いをクレジット化して開発事業者に売ることによって，利益を生み，他方，開発事業者はこのクレジットを購入することによって代償ミティゲーションの義務を果たしたと認められるという「ミティゲーションバンク」[66]の利用を国策として促進しており，さまざまな投資家によって営利目的のバンクが既に多く設立され，運用されている（田中，1998）．このような手法は，米国以外にもドイツやオーストラリアでも盛んになりつつあり，生物多様性保全のための経済的手法の一つとして世界的に注目されている．

以下では，海外におけるノーネットロス政策の代表的事例として，米国とEUの制度を説明する．

---

(66) ミティゲーションバンクは水質浄化法に基づくものであり，絶滅危機種法に基づく同種のものは「コンサベーションバンク」と命名されている．これらを総称して「生物多様性バンク」とも呼ばれている．

第7章　生物多様性ノーネットロス政策の課題

2　米国の制度

〈国家環境政策法〉

　1969年の国家環境政策法（National Environmental Policy Act；NEPA）の目的の一つは，環境と生物圏に対する損害を予防し又は取り除く努力を促進することである．この目的を達成するため，NEPAは，連邦政府機関が関与する開発事業において環境影響評価を行い，ミティゲーションを検討することを義務化した．この場合のミティゲーションは，環境への影響を，優先順位に，回避し，最小化し，代償することが含まれている．しかし，NEPAは，環境影響評価の手続きを義務化したものであり，ノーネットロスのような達成すべき環境の目標は規定していない．

〈水質浄化法〉

　1972年に成立した水質浄化法の目的は，国内の水域の化学的，物理的，生態学的な健全性（integrity）を回復し，維持することであり，水域へ浚渫物や埋立物を排出することを禁止している（404条）．湿地[67]は，水域に含まれており，開発のために湿地を埋め立てる場合には，陸軍工兵隊（ACE）の許可が必要となる[68]．

　1980年代後半には，開発によって急速に減少している湿地を保全するため，湿地の機能[69]のノーネットロスを連邦政府の政策目標とすべきとの議論がおき，1990年には陸軍と環境保護庁は湿地開発規則に関する合意書（MOA）を公表した．このMOAは，開発事業が湿地に与える影響は，次の3つの優先順位に従ってミティゲーション[70]を実施することにより，湿地のネットでの

---

(67)　湿地（wetland）は，土地の表面又は近くで，定常的または繰り返し起きる，浅い洪水若しくは浸潤に依存する生態系と定義される（NRC）．
(68)　陸軍工兵隊は古くから航路となる水域における浚渫などの行為を規制してきたため，米国議会は水質浄化法404条の許可の実施官庁を陸軍とした．ただし，環境保護庁（EPA）は404条のためのガイドラインを作成することとなっており，陸軍が許可する個別案件に対し拒否権を発動することができる．また，魚類野生生物局（FWS），国家資源保全局（NRCS），国家海洋漁業局（NMFS）も陸軍の許可に対し意見を述べることができる．
(69)　湿地の機能とは，洪水の貯留，地下水涵養，嵐による大波からの保護，漁業，野生動物の保護と生息地の提供，汚染物や沈殿物の同化吸収，栄養物の循環などである．
(70)　「ミティゲーション」とは，環境への影響を回避し，低減し，必要に応じて代償措置を行い，環境保全の目的を達成しようとすること．

損失をゼロとすること（ノーネットロス）を義務化した．
- 回避：複数案のうち環境への損害が最も小さいものを選択すること．
- 最小化：プロジェクト内容の変更によって負の影響を最小化すること．
- 代償：回避と最小化努力の後に残る不可避の影響について，代替する場所で湿地を復元・創出・改良・保存（以下「復元等」という）することにより代償すること．その代償の方法としては，以下の三つが認められた．
  (a) 開発業者自らが代替地での湿地の復元等を行う
  (b) 第三者（バンク所有者）が湿地の復元等を行うミティゲーションバンク[71]からクレジットを購入する
  (c) 政府又はNPOに対し負担金（in-lieu fee）を支払う（負担金を管理する機関は，代償ミティゲーションを開始するのに十分な負担金が集められた段階で，ミティゲーションを開始する．ただし，その実施は，湿地の開発許可とはリンクしていない．）[72]

陸軍は，当初は，開発する湿地と代償する湿地ができる限り同種のものとすること（同等性）を重視し，開発業者自らが開発サイトに近い場所で代償することを推奨した．しかし，このような代償の結果，小規模で分断された湿地を多数生み出すことになり，その実施後の湿地としてのパフォーマンスのレベルは全般的には低いものであった．

湿地のミティゲーション政策を評価したNational Research Council (NRC) によると，過去20年間に湿地保全の進歩はあったものの，湿地のノーネットロスという目標は達成されていないと結論付けた．

これは，多くのミティゲーション計画が目標通り実施されず，想定された湿地の機能を発揮していないためである[73]．この理由の一つにはミティゲーションの技術的な難しさが指摘されている．Carterによると，

---

(71) ミティゲーションバンクとは，「将来の湿地の損失を代償するために販売又は交換される湿地を創出，復元又は改善すること」をいう（Marsh）．米国では，405件（43,549ha）のミティゲーションバンクが承認されている．

(72) 負担金を管理する機関は，代償措置を開始するのに十分な負担金が集められた段階で，湿地の復元等を開始する．このため，この実施は，失われる湿地と直接的にリンクしていないなどの問題点が指摘されており，2008年には，ミティゲーションバンクと同等の基準を適用するための規定の改正が行われた．

(73) 米国の湿地オフセットでは，農業開発が適用除外となっていることも，国全体としての湿地のノーネットロスが達成できていない理由となっている．

第7章 生物多様性ノーネットロス政策の課題

湿地復元／創出の技術と科学は揺籃期にあり，湿地オフセットの初期の失敗原因として最も多いのは，湿地の水文学，土壌及び植生などの基礎的な構成要素に問題がある．

　もう一つの理由は，ミティゲーションの事後の保全管理状況を監視し，必要があればそれを是正する制度が不十分であるためである．具体的には，水質浄化法に基づく湿地オフセットの監視期間はおよそ5年間となっているが，湿地がその機能を完全に発揮するためには5年間は短すぎる（NRC）．この背景には，ミティゲーションコストをできるだけ減らしたいとする企業側の論理があると指摘されている．

〈絶滅危機種法〉

　1973年に制定された「絶滅危機種法」の下では，内務省魚類野生生物局（USFWS）は，同法に指定されている絶滅の危機にある種（指定種）の捕獲や，その種への危害や死をもたらす生息地の変化や劣化を禁止している．この中で，開発行為が附随的に指定種に危害を加えるおそれがある場合には，USFWSの許可が必要となる．その許可を得るためには，開発業者は保全計画を策定する必要があり，その計画の一つとして，第三者が生物多様性の保全を行う「コンサベーションバンク」を利用することにより，開発行為が指定種に与える影響をオフセットすることが可能とされている．

　コンサベーションバンクは，他の同じ資源価値を持つ土地で起きる影響をオフセット（相殺）するために，「保全地役権」(conservation easement)[74]によって永久に保全・管理される土地である（USFWS）．

　米国では，約100のコンサベーションバンクが絶滅危機種法によって承認されている．コンサベーションバンクは，その保全によって生まれるクレジットを販売することで収入を得ることができ，土地の所有者に対し生物多様性保全のインセンティブを提供するものである．しかし，コンサベーションバンクは，現存する生態系をそのまま保全するものでも許可されるため，開発の前後では生態系の面積は減少する場合が多い．しかし，開発により生態系

---

(74)　「保全地役権」とは，土地所有者がその所有する土地の開発の権利を放棄し，その土地の利用に制約を受けることに合意した土地所有者と地役権者との間の契約であり，生態学的な資源を永久に保全するために成立した記録された法的な文書であり，コンサベーションバンクとしての特定の生息地の管理の義務を要求するものである（USFWS）．

の面積が減少しても，代替地において生息地の分断化を避け，そのネットワーク化を高めるようなコンサベーションバンクを設置することにより，指定種の絶滅リスクを高めないことは可能である．

　水質浄化法による湿地オフセットと絶滅危機種法によるオフセットを比較してみる．前者は，開発することで失われる湿地と同等の機能をもつ湿地を復元・創出・保全することにより，湿地の機能のノーネットロスを目標としている（以下「生態系型オフセット」と呼ぶ）．一方，後者は，同法の指定種が開発によって受ける負の影響を，代替する生息地を永久に保存することによりオフセットするものであり，種の絶滅のリスクのノーネットロスを目指すものであると言えるであろう（以下「絶滅危機種型オフセット」と呼ぶ）．

〈生物多様性オフセットの法的課題〉
　企業がCSRとして生物多様性オフセットを実施する場合の法的課題を考察する．
　第1の課題は，生物多様性オフセットの定義を明確化する必要がある．この場合，生物多様性オフセットとして，生態系型オフセットか絶滅危機種型オフセットのいずれを認めるのか（又は両方を認めるのか）を明らかにする必要がある．
　第2の課題は，開発地と代替地のそれぞれの生物多様性の同等性を評価するための客観的な基準の確立である．現在，土地の植生の状況や指標となる動植物の種の生息環境を測定する評価法が用いられているが，世界的に利用可能な評価方法の確立が急務である．
　第3の課題は，生物多様性オフセットは，CSRとして自主的に実施することが適当であるか，それとも，なんらかの法的な規制が必要か，という点である．
　生態系型オフセットを自主的に実施する企業は，生態系の復元・創出などのコストを負担することになり，オフセットを行わない企業との間で市場でのコスト競争での差が生じる．また，生物多様性は科学的な確実性が低いため，生態系の復元・創出が当初の計画通りには進まない場合が多い．このため，その進捗を監視し，それを踏まえて保全活動を見直し，是正する必要が生じる．このように生態系型オフセットは相当なコスト負担が必要となるため，どの企業でもそのコストをできる限り低減しようとするであろう．米国

第7章　生物多様性ノーネットロス政策の課題

では湿地オフセットにおいてノーネットロスが実現していない理由の一つとしてこのような企業の論理が指摘されていることから考えると，自主的なオフセットではノーネットロス実現の見込みは低いと考えざるをえない．

また，上記の生物多様性の不確実性に起因する技術的なリスクに加えて，代替地を保全する企業が途中で倒産するなどの経済的なリスクも考えられる．このようなリスクに備えるためには，保全のための独立した基金を設立しておくことを法的に担保することも検討する必要があるであろう．

以上のことから，生態系型オフセットでは，何らかの法規制が必要であると考えられる．

一方，絶滅危機種型オフセットは，現存の絶滅危機種の生息地を永久に保全するものであり，開発による利益を得られないという意味でのコスト（機会費用）は生じているが，その土地の所有者にとって保全のための目に見えるコスト負担は少ない．また，保全によって生まれるクレジットを売却することができるため，経済的なインセンティブが存在する．保全する土地は，米国の例のように保全地役権が成立するのであれば，永久的に保全することを法的に担保することが可能である．しかし，そのような制度がない国においては，保全する土地を政府や公的機関に寄付するか，保全地役権のような生息地を永久に保全する制度を新たに創設するための検討が必要である．

3　EUの制度

現在は27カ国で構成されるEUは，域内の生息地ができる限り分断しないように連結した生息地を確立することを目的にナトゥラ2000というプロジェクトを実施中である．ナトゥラ2000は，EUの2つの指令（野鳥指令及びハビタット指令）に基づき欧州での自然保護区のネットワークを形成することを目的としたもので，各国の国内法によって保護される．指定された保護区では開発は原則的に禁止されるが，特別の事情がある場合には開発が可能とされるが，その場合にはその開発による生息地の減少は代替する土地での自然再生（代償ミティゲーション）によってネットでの損失をゼロとすること（生物多様性オフセット）が義務化している．

このような生物多様性オフセットは，既に述べたように，ミティゲーションにおける回避，最小化を実施した後に残る損失を償う最後の手段

であり，決して最初から検討すべきものではない．しかし，オフセットを義務化しないと，開発事業の結果，生物多様性の損失が生じることになる．生物多様性の保全政策の目的が生物多様性の損失のゼロ又は回復を目標とするのであれば，生物多様性の損失が生じないよう生物多様性オフセットを義務化すべきであろう．

　本節では，EU において生物多様性オフセットがどのように実施されているかの現状を紹介するとともに，米国における代償ミティゲーション制度との比較を行い，日本において生物多様性オフセットを導入する場合の制度設計の参考とすべきことを明らかにする．

　また，EU の中では，ドイツはナトゥラ2000地域だけでなくそれ以外の土地であっても自然保護法により生物多様性オフセットを義務化しており，2009年にはミティゲーションの優先順位を変更する等の法改正を改正した（2010年3月施行）．このため，本節では，ドイツを事例として，生物多様性オフセットの現状と問題点を考察する．なお，本節は，文献調査のほか，筆者が2009年8月にドイツに出張し，政府や NGO/NPO の専門家のインタビューを行った結果に基づくものである．

〈EU 制度；ナトゥラ2000〉

　EU は，2001年に，2010年までに生物多様性の減少を止め，ハビタットと生態系を回復することを目標とすることに首脳レベルで合意した．

　欧州委員会は2006年に EU 生物多様性行動計画を作成することの重要性を指摘した．

　EU における生物多様性の保全の法的根拠となるものは，1981年に発効した「野鳥の保護に関する指令」（79/409/EEC）（野鳥指令）と，「自然ハビタット及び野生動植物相の保全に関する指令」（92/43/EEC）（ハビタット指令）である．

　前者は，EU 域内の野鳥のすべてを対象として保護，管理，コントロール，利用するルールを定めており，絶滅危惧種や危急種（附属書Ⅰで指定）や渡り鳥については，特別保護地域（Special Protection Area：SPA）を設けるなどの保護措置を講じることとしている．

　また，後者は，自然と半自然のハビタットと野生動植物を保全するこ

とが目的であり，付属資料のリストに掲げられた脅威にさらされた特定のハビタットについて，保全特別地域（Special Areas of Conservation：SAC）を設置することとされている．

ハビタット指令では，指定地域の開発は原則禁止されるが，社会的な要請によって開発される場合には，代償ミティゲーションを行うことが義務化している．

〈ドイツ自然保護法〉

ドイツ自然保護法では，自然を開発する際には代償が義務化されている（19条）．ただし，政府が許認可などの関与がある場合に限定される（純然たる民間による自然改変は適用されない）．また，都市計画法においても建設法典により自然保護法が適用され，都市内での緑地の改変においても代償が義務化している．

2009年の法改正では，代償に関しては下記の点が変更された．

旧法では，開発業者が行うミティゲーションは，①開発地の近郊で同種の生態系を再生，②開発地から離れた地域で同種の生態系を再生，③異なる生態系を再生，④金銭の支払い，の優先順序であった．

しかし，新法では，最初に検討すべきオプションは，上記の①と②のいずれかが優先され（①と②の優先度は同じ），それが可能でない場合には，金銭による支払いを行うこととなった．また，生態系の再生は，開発業者が自ら行うことだけでなく，第三者が行ったものから開発業者がクレジットを購入することでも可能である．第三者として生態系の再生等を行うのは，NGO/NPOもあるし，営利企業もある．営利企業としては，ランドスケープ設計や保全工事業者などが参入している．既に，16州のすべてにおいて，このような事例があり，今回の新法はこれを法的に認めたことになる．

代償ミティゲーションを行う義務を負っているのは開発業者であり，第三者が行う代償からクレジットを購入した場合でも，元来の代償の責任は開発業者に残る．

NABU[75]によると，生物多様性オフセットは，アイデアとしては良いが，その実施については，すべてが州に任されているので，政治的な影響などから恣意的に運用されることが懸念されるとのことである．このため，NABUとしては，連邦レベルでのガイドラインの制定が必要だと考えている．

---

(75) ドイツ最大規模の自然保護NGOである．

ナトゥラ2000地域以外で，代償ミティゲーションを義務化しているのは，EUではドイツのみである．

〈ドイツにおける代償ミティゲーションの実例〉
　ドイツでは環境へ先進的な取り組みを行ってきていることで有名なフライブルグ市では，市内の緑地を改変する場合には，その代償として他の場所での緑化等が求められる．その場合は，緑地は，その状態に従って評価し，得点化される．自然に近い状態であるほど得点は高くなり，芝生のような人工的な緑地は点数が低くなる．

　また，ゲンゲンバッハ市においても同様である．代償とする土地の確保は市の責任で行われる（その費用は開発業者が負担する）．その方法としては，多くの場合は，農用地を自然に戻すことで実施される．このため，市内の緑地が開発されると，農地が減少することにつながる．筆者が訪問した場所では，市が所有する土地を牧草地などとして市民に貸しているところでその一部を代償の土地として自然に戻るよう保護・管理をしていた．

　筆者が訪問したブルンデンベルグ州自然保護局の管轄下では，いくつかの代償プロジェクトが進行している．これらはいずれもナトゥラ2000の指定地域である．

　代償ミティゲーションを行う主体は開発業者であり，そのための工事，工事後のモニタリング等は開発業者が専門業者に委託して実施している．州政府の役割は，その計画が適正であるかを審査し，許可を与えることである．

　金銭による支払いの例としては，州内にフォーミュラ1のレース場を建設した際，代替地が見つからず，開発企業が数億マルクの支払いを行ったとのことである．

IV 経済的手法としての意義

　生物多様性のノーネットロス政策では，生物多様性の回復・保全等による生物多様性の価値の増加を定量的に評価し，これを取引可能なクレジットとして認め，他者に販売可能とする仕組みを構築することができる．これは，生物多様性保全に市場メカニズムを導入することである．

　本節では，このような生物多様性の分野での市場メカニズムを活用することの意義と問題点を検討する．

第7章　生物多様性ノーネットロス政策の課題

1　ミレニアム生態系評価

　ミレニアム生態系評価（MA）は，経済的手法の意義について次のように整理している：「多くの生態系サービスは市場で取引されることなく，市場は，生態系サービスの効率的な配分と使用の促進に貢献することができない．経済と金融の手段を活用すれば，このような難題に着手するような活動を促進することができる．しかし，市場原理と多くの経済的手段は，これらのメカニズムを広範に活用するための支援制度が存在する場合に限って効果的に動くものである」．

　ミレニアム生態系評価は，このような認識を基に，生物多様性の損失速度を顕著に減少させるための方策の一つとして，市場メカニズムを活用した次のような経済的・金融的な措置を提案している．

1．生態系サービスの過剰利用を促進する補助金の撤廃
2．生態系サービスの管理における経済的手段及び市場原理手法の大いなる活用
　(1)　税金又は外部不経済を伴う活動に対する利用料
　(2)　キャップアンドトレード型を含む市場の開発
　(3)　生態系サービスに対する支払い（プロジェクトが生物多様性に及ぼす不可避な損害に対する補償として，開発者が自然保護活動のために対価を支払う仕組み（生物多様性勘定）が含まれる）
　(4)　市場通じて消費者の嗜好を表現できるメカニズム（持続可能な漁業や林業のための認証制度など）

2　生態系と生物多様性の経済学（TEEB）

　生態系と生物多様性の経済学（TEEB）は，2007年5月にポツダムで開催されたG8＋5の環境大臣会合において発案されたもので，生物多様性保全へ経済学からアプローチし，政策決定者に，彼らの意思決定に生態系サービスの真の価値を組み込むために必要なツールを提供することを目的としている．その第一段階として，中間報告が2008年5月にボンで開催された生物多様性条約（CBD）第9回締約国会議（COP 9）で

公表された．

この中間報告書において，市場メカニズムを用いた経済的手法の意義について以下のとおり論じている：

　世界的に起きている生物多様性の損失の主な原因は，開発等による野生生物の生息地の減少や分断，野生生物の乱獲，外来種による在来種の駆逐などであり，このため，現在世界各国で講じられている生物多様性保全政策は，開発等を禁止し野生生物の生息地を保護するための保護区の設置，絶滅危惧種の捕獲や取引等の禁止，外来種の導入禁止など主として「規制的手法」である．

　しかし，この問題を経済学の視点から見ると，生物多様性の損失の原因は，市場の失敗ということなる．すなわち，生態系サービスのほとんどは，公共財として扱われ，市場もなく価格もなく，現在の経済の指標では取扱われていない．このため，生物多様性を保全するための費用を支払う企業や個人はほとんどいないし，これらへ悪影響を及ぼす者（いわば汚染者）は，その影響に対し代償を支払うことはない．その結果，世界的に生物多様性の損失が急速に進んでいる．このような問題の解決策を検討するためには，現在は市場が存在しない生態系サービスの経済的価値を明らかにすることが重要である．また，政策としては，上記の規制的手法を補完するものとして，汚染者に代償を支払わせ，保護者に報酬を与える市場を創出する「経済的手法」が有効であるとされている．

　そこで，経済的措置として，政策決定者が考慮すべき次の4つを提言している：①既存の補助金（農業補助金など）を考え直すこと；②正当に評価されていない便益に対価を支払うこと；③保全から得られる利益を分け合うこと；④生態系サービスのコストと便益を測定すること．

　本書では，今後の生物多様性保全政策の議論の中心となると考えられる②と③について，要点を整理し，解説を加える．

(1) 正当に評価されていない便益に対価を支払うこと

　TEEBでは，大部分の生物多様性は公共財なので，その保全のためには，次のような二つの対応が望まれるとしている．一つ目は，適切な

第7章　生物多様性ノーネットロス政策の課題

政策によって公共財を保護する行動を奨励し（例えば，環境保護活動に対し補助金を出す），一方で，破壊する行動を罰する仕組み（例えば，生態系を汚染する者にその損害を弁償させる）を構築することである．二つ目は，適切な市場を創設して公共財の使用に取引可能な私的価値を与えて，公共財に対価を支払うことを刺激することである．

　このような対応を実現する手法は，生態系サービスに対する支払い（PES）と呼ばれており，生物多様性保全のための市場を新たにつくり出すことができるものとして，近年世界的に注目されている．このPESのメリットは，市場メカニズムを用いることで生物多様性保全のための資源の最適配分を可能とすることであり，政府としては新たな財政負担の必要がないことから，世界的に普及する可能性は高いと考えられる．しかし，生物多様性の損失をゼロとする政策目標を掲げるのであれば，企業等の自主的取組みのみでは不十分であり，政府が市場形成のための（法律による規制を含む）制度的枠組みを導入する必要がある．

　PESの代表例としては，本書でも紹介した米国での水質浄化法と絶滅危機種法におけるノーネットロス政策が挙げられる．また，この政策の実施手段として第三者が別の土地で生物多様性の回復等を行う湿地ミティゲーションバンクや絶滅危惧種のコンサベーションバンクからクレジットを購入することも認められている．現在，米国では400以上のミティゲーションバンクと100以上のコンサベーションバンクが政府の認可を受けて設置されており，その多くが民間の投資によるものである．生物多様性バンクについては，次節で詳細に説明する．

(2)　保全から得られる利益を分け合うこと

　保護地域がもたらす生態系サービスの価値は，金銭に換算すると4兆4,000億～5兆2,000億米ドルに値すると考えられる（Balmford）.

　TEEBでは，このような経済価値を有する保護地域を守るためには，地域コミュニティとともにいかに保護するかが重要であることを指摘している．すなわち，地域コミュニティは，開発すれば得られる金銭的な利益を得る機会を放棄（機会コストを負担）している．しかし，その保護がもたらす生態系サービスの便益はその地域外，更には国外にまで及

んでいる．したがって，彼らは保全から得られる利益を分配されてしかるべきであると考えられる．TEEBでは，この事例としては，ウガンダで保護区域内での観光収入の20％をその保護区に隣接する住民に対して支払っている例を紹介している．

近年世界的に普及しつつある，持続可能な管理を行っている森林や漁業の認証制度（例えば，森林管理協議会（FSC），海洋管理協議会（MSC）など）や，コーヒーやカカオなどの取引において現地の環境保全や労働条件などに配慮し，より公平な条件下で国際貿易を行うことを目指すフェアトレードなどは，この考え方を市場の中で自主的に実現しようとする試みであるといえる．

また，国際自然保護連合（IUCN）などでは，この考え方を更に拡張し，生物多様性保全の新たな資金メカニズムとして，「グリーン開発メカニズム」（GDM）の研究を進めている．GDMは，生物多様性の保全はその多くが発展途上国において行われており，そのコスト（機会コスト）は発展途上国が負担しているが，その便益（例えば，炭素吸収や，医薬品などの原料となる可能性がある遺伝情報）は世界が享受していることから，途上国が保全する生物多様性保全の費用を先進国が何らかの形で支払う新たな仕組みである．2009年2月にアムステルダムで開催された専門家によるワークショップでは，次の4つの提案が検討された：①取引可能な保全の義務（京都議定書に基づくクリーン開発メカニズム（CDM）に類似の制度）；②国際的な支援による生物多様性オフセット；③生物多様性フットプリントに対する課税；④輸入製品のグリーン化（認証制度など）．

TEEBの最終報告書は，CBD第10回締約国会議（COP10）に提出される予定であり，今後の政策議論に大きな影響を与えるものと考えられる．

V　生物多様性バンク

上記のとおり，近年，民間セクターを巻き込んだ市場メカニズムを活用する経済的手法が世界的に注目されてきている．

第7章 生物多様性ノーネットロス政策の課題

　経済的手法を既に採用している代表的な事例として，米国での湿地のミティゲーションバンクと絶滅危惧種の生息地のコンサベーションバンクがあり，これらは「生物多様性バンク」と呼ばれている．このような制度は，開発によって生じる「外部不経済」を，クレジットの取引という新たな市場を創設することで内部化する経済的手法である．
　本節では，生物多様性の保全のための経済的手法である生物多様性バンクについて，米国での法制度の運用状況を調査し，その課題を明らかにする．
　筆者（宮崎）は現地調査として，2009年5月に米国ソールトレイク市にて開催された第12回米国ミティゲーション・生態系バンク会議（バンク所有者，米国政府，バンク利用者，コンサルタント等約350人が参加）に参加し，関係者にインタビューを行った（その引用は本文中に※で表示）．

1　ミティゲーションバンク制度の概要

　既に述べたように，米国では水質浄化法（1972年）により，開発のために湿地を埋め立てる場合には，陸軍工兵隊（ACE）の許可が必要である．この許可を得るためには，開発事業者は開発が湿地の機能に与える影響を回避，最小化し，残る影響は代償することによってノーネットロスを実現することが義務化している．当初は，陸軍は，開発業者自らが開発サイトに近い場所で代償することを推奨したが，小規模で分断された湿地を多数生み出すことになり，その実施後の湿地としてのパフォーマンスのレベルは全般的には低いものであった．このため，見直されたのは，湿地のミティゲーションバンクである．

(1)　ミティゲーションバンクの利点

　ミティゲーションバンクは，あらかじめ第三者が湿地の復元等を実施し，その結果生じる湿地の機能の向上分をクレジットとして開発事業者に販売する制度であるため，開発事業者が自ら実施する代償と比較して，下記のメリットがある（Marsh; Carroll）．
　－開発業者は，湿地の復元等の専門知識がない場合が多いため，その実施が容易ではない．しかし，バンクは当該分野の専門知識を有

写真：米国ユタ州の交通局が設置した湿地ミティゲーションバンク（撮影者：宮崎）

する者が設立することが想定されるため，湿地の復元等がより容易に実現する．
- 開発の前に湿地の復元等を実施するため，失われる湿地と，復元等される湿地との間のタイムラグがない．
- 開発業者が行う代償では，開発サイト近隣で小規模な湿地を多数生み出すため，その周囲の開発の進行によって湿地の機能が劣化しやすい．しかし，バンクであれば大規模な湿地を復元等することができるため，その生物多様性保全の効果は高くなる．
- バンクは多数の開発事業の代償場所として一箇所に集中するため，陸軍による事後監視が容易となる．

以上のことから，1993年に連邦政府はミティゲーションバンクを推奨する方針に転換した．その結果，バンクは急増し，2005年9月時点では，全米で405件となった（ELI）．さらに，連邦政府は，2008年には，代償措置としては，開発業者が実施するものよりも，バンクの利用を優先することとした（Federal Register, 2008）．

(2) **ミティゲーションバンクの定義**

1995年に公表された「ミティゲーションバンクの設立・利用・操業に関する連邦政府の指針」（Federal Register, 1995）によると，ミティゲーションバンクは，「湿地その他の水系資源への影響を許可する以前に，

代償ミティゲーションを提供することを明示的な目的とした類似の資源の復元，創出，改良及び例外的な場合での保存」と定義されている．

　ミティゲーションバンクは，できる限り自律的に維持可能となるように計画することが望ましいことから，「復元」が最初に検討すべきオプションである．これに対し，適切な水文学的な条件を確立することが難しい「創出」や，代償の前後での湿地の機能のトレードオフが起きる場合がある「改良」は，成功する見込みが高く，地域の環境全体としての利益がある場合にのみ検討すべきとされている．また，既存の湿地の「保存」が認められるのは，①保存が，湿地の復元・創出・改良と同時に実施され，当該湿地の機能を増大させる場合，②湿地が地域で重要な機能を果たしており，かつ，人為的な原因によって当該湿地が損失又は重大な劣化のおそれがある場合とされている．

(3) ミティゲーションバンクの設立手続

　ミティゲーションバンクの設立は，陸軍によって認可される．バンク所有者（sponsor）は，その認可申請の前に，陸軍に対し，バンクの目的と設立・操業方法などを記載した「説明書」（Prospectus）を提出する．この説明書を基に，バンクの物理的・法的特徴とその設立と運用方法を記載した「ミティゲーションバンク文書」（Mitigation Banking Instrument）が作成される．この文書は，バンク所有者と「ミティゲーションバンク評価チーム」（Mitigation Banking Review Team：MBRT）に参加する関係官庁によって署名される．MBRT は，バンクの設立，利用と操業を監督する組織であり，連邦，州，民族，地域の規制・資源官庁の代表者で構成する官庁間組織として，陸軍の管轄地域ごとに設立される．

　バンク所有者には，政府機関，民間企業，NGO/NPO のいずれもがなることができる．バンク所有者は，バンクが保全の対象とする土地の権利を取得しなければならないが，土地の所有権を取得する必要はなく，「保全地役権」などを取得することでも可能である．バンク所有者は，そのクレジットを開発業者に販売することにより，開発業者が有していた代償の法的義務が移転するため，その土地の生物多様性を永久に管理

する法的な義務を負う．しかし，バンクが完成した後には，政府機関やNGO/NPOに土地を譲渡し，その管理責任を移転することもできる．

(4) ミティゲーションバンクでのクレジットとデビット

ミティゲーションクレジットは，湿地の機能の損失を代償する場合の取引のための「通貨」である．クレジットは，湿地の復元等によるその機能の向上を測定する単位であり，デビットは，開発による湿地の損失を測定する単位であり，クレジットとデビットは同じ評価方法で算出される．

クレジットとデビットを計算する方法としては，種々の評価方法が開発・採用されているが[76]，もし，適当な方法がない場合には，その代理指標として「面積」を用いることができる．

クレジットの取引においては，開発事業により湿地の損失が起きるときのデビットの量も，それを代償するために必要なクレジットの量も，陸軍が決定する．

代償では，デビット1単位に対し最低限クレジット1単位の購入が必要であるが，バンクの成功の不確実性を考慮して，十分な安全サイドに立ってクレジット量を決めることができる．また，失われる湿地の機能と代償として復元等する湿地の機能に差がある場合には，その程度を考慮し，乗数を用いることができる（例えば，失われる湿地のデビット1単位に対し，2単位以上のクレジットの購入を求める）．

(5) ミティゲーションバンクの操業と完成

バンクの設立後は，定期的なモニタリングや陸軍による検査が行われることになっている．バンクが成功したかどうかは，あらかじめバンク文書で規定されるパフォーマンス基準（湿地の水文学的特長，植生のカバー率，種の構成・多様性など）に基づいて判断される．

科学的不確実性などが原因となって，バンクが失敗する可能性があることから，その場合に是正するための緊急的な支出をカバーする基金な

---

(76) 評価方法としては，本章Ⅱ3を参照．

どの財産的保障が求められる．是正の必要性は，陸軍がMBRTやバンク所有者と協議して決定する．

　バンクは，クレジットの会計システムを確立する必要があり，クレジットの取引が行われた場合には，陸軍に報告書を提出する．また，バンクは毎年の会計報告を作成し，陸軍へ報告することとなっている．なお，第三者へ販売するクレジットの価格は，バンク所有者が決めることができる．

　バンクは，全てのクレジットが販売されるか，又は，バンクの湿地としての機能が成熟した段階で完成する．完成後も，バンク所有者はバンクを維持管理する義務を負っている．

　バンクの完成後は，もしバンクが自律的に維持可能でない場合（例えば，継続的な外来種の駆除や，定期的な火入れが必要である場合）には，長期の管理とモニタリングを実施するための資金が必要となるが，これをいかに確保するかが大きな課題である．

2　コンサベーションバンク制度の概要

(1)　コンサベーションバンクの定義

　「コンサベーションバンクの設立・利用・操業に関するガイド」（FWS）によると，コンサベーションバンクは，絶滅危機種法によって指定された種を保存することにより，他の土地で同じ生物種に対する影響を相殺するために用いられ，保全地役権によって永久に保全・管理される自然資源を含む土地である．

　コンサベーションバンクの典型的なものは，複数の開発プロジェクトの影響を代償することが十分にできるような大面積のものである．

(2)　コンサベーションバンクの設立手続き

　コンサベーションバンクは，バンク所有者と内務省魚類野生生物局（FWS）がバンク合意書（Conservation Bank Agreement）に署名することで成立する．絶滅危機種法に基づき指定される種の絶滅の危機の主要な原因は，生息地の減少と分断化であることから，コンサベーションバンクは，指定種の存続可能な個体群が生息するのに十分な広さを有する

か，若しくは，分断された生息地を結合する回廊を設置するものが望ましいとされる．また，バンクでは指定種を保護するための管理計画（侵略的外来生物の排除，オフロード車の乗入禁止等）も重要である．バンクとして保全される土地は，民有地だけでなく，州の公園も含めることができる．

　ミティゲーションバンクでは，復元等を行うことにより湿地の機能が向上するという追加性が認可条件となるが，コンサベーションバンクは他の地域での絶滅危惧種への影響を相殺するために十分な当該種の保存の効果があることが認可の条件であり，既存の土地をそのまま保存することによっても設立が可能である（この結果，開発によって自然の土地はトータルでは減少する場合もある）．

(3) コンサベーションバンクでのクレジットの利用

　コンサベーションバンクが販売するクレジットは，既に述べたように，開発行為が付随的に絶滅危惧種に危害を加えるおそれがある場合のFWSの許可（10条）に関し，当該種に与える影響を代償する手段として利用可能である．

　クレジットの計算方法はケースバイケースである（単純な場合には，1クレジットは，1エーカーの生息地，1つの巣又は家族を維持する土地となる場合もある）．

　しかし，一つのクレジットを二つ以上の異なったクレジットとして販売すること（double-dipping）はできない．一つのコンサベーションバンクの中に複数の絶滅危惧種が生息する場合には，それぞれの種について別々のクレジットを販売することができるが，すでにクレジットを販売した区域に仮に別の絶滅危惧種が見つかったとしても，その種に関しての新たなクレジットを販売することはできない※．また，一つの土地を二つの区域に分けて，ミティゲーションバンクとコンサベーションバンクをそれぞれ別々に設立することはできるが，当然のことながら，コンサベーションバンクとして認可された区域は，ミティゲーションバンクとしての認可を受けることはできない※．

第7章　生物多様性ノーネットロス政策の課題

(4) コンサベーションバンクの維持管理に関する規定

　ほとんどの場合，保全活動なしには絶滅危惧種やその生息地の長期的な保全はできない．モニタリングはバンクの責任で行うこととされており，その方法は，バンク合意書に規定される．また，バンク合意書には，バンク所有者がバンク合意書の義務を果たさない場合の紛争処理の手続きが定められる（第三者にバンクを譲渡する規定も含む）．また，バンクの永久の管理，モニタリングのための基金の設立も規定される．

　ミティゲーションバンクもコンサベーションバンクでも，開発業者がバンクからクレジットを購入した時点から（未完成のミティゲーションバンクの場合は，湿地としての機能を十分発揮していると陸軍が認めた時点から），代償措置の法的義務は，開発事業者からバンク所有者へ移転する．このように，開発業者にとって代償の法的義務の履行がクレジットの購入によって可能となったことは，米国において生物多様性バンクが普及した一因と考えられるが，その一方で，後述するように長期の維持管理の問題の原因ともなっている．

3　生物多様性バンクの現状と課題

(1) ミティゲーションバンクのパフォーマンスの現状

　多くのミティゲーションバンクは，その設置コスト（土地の取得又は利用費用＋工事費＋事務経費など）に対し，その2倍程度のクレジット販売収入を想定している[※]．すなわち，バンクへの投資家は，（一部は長期の維持管理のための基金に繰り入れられるが）投資額とほぼ同額の利潤を期待していることとなる．

　では，設立されたバンクのパフォーマンスリスクはどの程度であろうか．ある調査では米国東南部4州の30のバンクを対象に，①サイトリスク（維持管理と修正費），②操業リスク（建設・監視費用の当初計画からの増加），③規制・設計リスク（承認されたクレジットに対するその販売実績）の3つのリスクを，バンクの収入全体に対する比率で以下の通り集計した（NMBA）．

　－サイトリスク：平均2％（標準偏差1％）

― 操業リスク：平均2％（同7％）

― 規制・設計リスク：平均0％（同6％）

これらのリスクの合計は平均4.5％（標準偏差11％）となった．すなわち，バンクが得た収入はバンク設立時の予想収入に対し平均で4.5％少なかったことになる．標準偏差が11％であるから，特定の一箇所のバンクに投資することはリスクが高いが，多数のバンクに同時に投資すればビジネスとしては吸収可能なリスクであることがわかる※．このことは，「米国では，ミティゲーションバンクを投資目的としたファンドは，一般に投資を募集すると容易に十分な資金が集まる」※と言われていることとも一致している．

以上のように，米国でのミティゲーションバンクは，既にビジネスとして成立しているといえる．

ただし，バンクの市場は全米的なものではなく，地域的である．それは，バンクのクレジットが販売可能な地域は，基本的にはその流域に限定されるためである．また，州によっては，州政府が生物多様性バンクに消極的なところもある（そのような州ではバンクの実績はほとんどない）．その理由は，州政府の担当者が従来型の代償ミティゲーションに固執していたり，バンクを実施しようとする民間事業者による，そのような州政府の担当者とのコミュニケーションが十分でないためと言われている※．

(2) 長期的な維持管理の課題

実際の代償ミティゲーションの事後評価では，例えば1998年に実施されたシカゴ地域の約120の代償サイトのフォローアップ調査によると，許可条件であるパフォーマンス基準を満たしているのはわずか17％であった（これは既に述べたように，開発業者による代償の問題点が原因と思われる）．しかし，その成功したサイトの10年後の調査によると，それらのいずれもが外来種が10％以下というパフォーマンス基準は達成していなかった※．このことは，十分な管理能力があると思われる事業者であったとしても，長期的な維持管理が難しいことを示している．

バンク制度では，既に述べたように，クレジットの販売によって開発

業者が有する代償の法的義務はバンクに移転し，バンク所有者はその土地を永久に維持管理する法的義務を負う．この義務を適切に果たすためには，バンクは，クレジットの販売収入から，長期のモニタリングと維持管理（是正を含む）のために必要な管理基金を積み立てることが求められる．

しかし，バンクの長期的な維持管理には，下記の問題点があり，その政策目標であるノーネットロスの実現は危いものとなっている．

- －現状では，長期的な維持管理費（特に，外来種の除去費用）が確保できるような十分な基金を積めるほどのクレジット販売収入が得られない※．ただし，一部のバンクでは，完成後のバンクを狩猟などのレクリエーションの場とし，入場者から入場料を徴収することによって，その維持管理費を得ることを計画しているところもある※．
- －バンクの完成後は，州政府の自然資源保護部局や自然保護を目的とするNGO/NPOへ寄贈することが有望な方法の一つであるが，これら団体における保護の優先順位が必ずしもバンクとは同じでないために円滑には進まない（政府やNGO/NPOは，地域における生物多様性の価値，バンクの場合は，収益性を優先するためと考えられる）．

このようなリスクへの対処には，次の三つの方策が考えられる．

一つ目は，バンクの事後の維持管理に対し，政府の規制を強めることである．しかし，事後規制では，バンクとしての規制の遵守費用が増加し，財政的に破綻する可能性がでてくる．また，バンクが完成した後では，規制を遵守するインセンティブは低くなる．このため，バンク設立前に十分な維持管理のための財政的裏付けを厳格に審査する必要があるであろう．

二つ目は，州政府や地域の自治体がバンクの設立時から関与し，地域の生物多様性保全計画の中で保全価値の高い場所を選定することである．そうすれば，そのバンクによってその地域の生物多様性が保全され，地域社会が大きな利益を得ることができるため，仮にバンクが財政的に破綻した場合には，州政府や地域の自治体がその土地を無償で譲り受けて

保護区に指定し，永久に保全・管理することが可能となるであろう．ただし，バンク所有者のモラルハザードが起きないよう，バンクが破綻する場合にはその経営責任を厳しく追及すべきであることは言うまでもない．

三つ目は，現行での，クレジットの取引によって代償の法的義務が開発業者からバンクに移転する制度を改め，代償の法的義務は開発業者に永久に残るようにすることである．こうすれば，仮にバンクが破綻した場合でも，開発業者が新たなバンク管理者を探して管理委託することによりバンクを継続することができる（このような制度はドイツにおける自然保護法で採用されている）．

4 まとめ

米国における湿地と絶滅危惧種の生息地のノーネットロスを達成するための経済的手法である生物多様性バンク制度は，市場メカニズムを活用した経済的手法として機能しているが，バンク完成後の長期の維持管理が大きな課題である．本書では，この問題を解決するためには，政府がバンク設立認可時に長期の維持管理計画を厳格に審査するとともに，州政府や地域の自治体がバンクの設立時から関与し，仮にバンクが財政的に破綻した場合にはその土地を無償で譲り受けることを可能にしておく，または，代償の法的義務はクレジットの取引があったとしても開発業者に永久に残るようにすることが必要であると結論づけた．

日本においては，2008年に成立した生物多様性基本法は，生物の多様性の保全及び持続可能な利用が目的であり（1条），この「持続可能な利用」とは，「生物の多様性の構成要素及び生物の多様性の恵沢の長期的な減少をもたらさない方法により生物の多様性の構成要素を利用すること」（2条2項）とされている．このことは，生物多様性の構成要素である生物種の個体数や生態系の総量などは，長期的には減少をゼロとすることを政策目標とすべきことを示唆している．この政策目標を実現するためには，米国で導入されているように，生物多様性のノーネットロスを政策目標に掲げ，開発事業が生物多様性へ与える影響は回避・最小化・代償することを義務化するとともに，生物多様性バンク制度によ

るクレジットの取引を可能とする経済的手法を導入することが有効であろう．しかも，この中で，日本でも最近注目されている自然再生や里山保全なども，これらを生物多様性バンクとして認めるようにすれば，自然保護に民間資金を導入することが可能となる．

以上のことから，日本においても生物多様性のノーネットロス政策の導入について十分検討する必要があると考えられる．

VI ノーネットロス政策の論点

ノーネットロス政策を実現するための不可欠な方策である代償措置には，様々な批判がある．以下では，筆者が国内外の関係者と議論した際に問題点として指摘された以下の7つの点について，考察を加える．

(1) 開発の口実（抜け穴）になるのではないか？

第1には，代償措置は，本来は開発すべきでない自然を開発し，その影響を回避・最小化する努力を怠ったりするための口実（抜け穴）として用いられる可能性がある，と批判されている．

BBOPでは，このような批判に対しては，米国等の代償ミティゲーション（生物多様性オフセット）規則と同様に，オフセットが適用されるのは，そもそもの開発自体が合法的で適切であるとされている場合において，開発者が生物多様性への影響を回避し最小化するための最大限の努力を行った場合にのみ検討すべき「最後の手段」としている．

どのような生物多様性保全活動を生物多様性オフセットとして実施するかは，ケースバイケースで判断する必要がある．BBOPでは，生物多様性オフセットの範囲を米国の代償ミティゲーションの範囲よりも広くとらえており，下記のような保全活動を事例として挙げている．

- 保護が効果的でない保護区の強化：森林保全区の中で管理が不十分なために劣化している地域に現地固有種を植樹したり侵略的外来種を除去することにより，その保全レベルを改善する．
- 保護されていない地域の生物多様性を保護する：例えば，企業が地域の生物多様性の保護管理者となることを当該地域の住民と合意

することにより，当該地域の生物多様性を保全する．
- 生物多様性の損失の原因に対処する：地域住民との協働で，持続可能ではない活動（現状で生物多様性を喪失させているもの．例えば，森林での木炭生産や食料作物の栽培など）を止めるよう，代替する持続可能な生活を支援する．
- 生物学的回廊[77]を設置する：保護区と保護区の間に動物などが移動可能な回廊を提供する．
- バッファーゾーン（緩衝地）[78]を確保する：例えば，バッファーゾーンが不足している国立公園の周辺にこれを確保する．

　もし，生物多様性オフセットを義務化しない場合には，開発規制がかかっていない私有地での開発行為をやめさせることはできないため（日本では，住民等が裁判に訴えたとしても原告適格なしとされる場合がほとんどである），開発によって生物多様性が失われることになる．

　一方，生物多様性オフセットの実施が法的に義務化すると，開発業者は，開発によって失われる生態系と同種で同程度以上の規模の代替地を見つけ，その土地の生物多様性の回復・創出・復元・保全を実施するためのコストを負担しなければ，開発ができない．すなわち，生物多様性オフセットの義務化によって，開発コストが上昇することから，開発行為を抑制する効果がある．

　代償措置は，既に述べたように，開発者が生物多様性への影響を回避し最小化するための最大限の努力を行った場合にのみ検討すべき「最後の手段」である．したがって，代償措置が開発推進の道具とならない

---

[77]　「生物学的回廊」は，孤立した生息地の間をその生息地と同じ環境からなるベルト状の土地で結ぶものである．これは，種の絶滅率は生息地の面積が小さくなるほど高くなることから，種の保全のためには，生息地の孤立化は避け，互いに接続して配置されるのが効果的であるためである．

[78]　保護区は，「コアエリア」，「緩衝地帯」と「移行地帯」の3つに分けられる．コアエリアは，最も厳しい保全が行われる場所で，破壊的行為は一切禁止される．緩衝地帯は，コアエリアをとりまくように配置され，ここでは観光，教育，レクリエーションなどのコアエリアに影響を与えない活動だけが許容される．緩衝地帯を取り囲むのが移行地帯であり，保存地域の目的に沿った範囲内での資源開発や伝統的な土地利用が可能とされる（樋口）．

めには，回避，最小化が適切に実施されることを第三者が確認できるよう，その検討プロセスを透明化し，地域社会や先住民族，NGO/NPOなどのステークホルダーの公正な参加が認められる必要がある．

(2) どの土地の生物多様性もユニークではないか？

第2には，どの土地の生物多様性もユニークであり，生物学的には完全な代償は不可能ではないか，との批判がある．

生物多様性はそれぞれの土地でユニークであり，同一の生物多様性を有する土地はふたつと存在しない．代償措置が目指すのは，生物多様性そのものの代替ではなく（これは現実的に実施不可能である），生物多様性が支える生態系の機能（例えば，野生動物の生息地の提供，洪水などの調整，水質浄化などの機能）の代替である．

このため，例えば，ドイツの自然保護法では，生態学的に同じもので代替するということではなく，空間的，内容的（生態学的な機能），時間的な要素を勘案して，同種のものと判断される代償を行うことを法的に義務化している（桑原）．

なお，もし仮に開発しようとする土地がユニークで貴重な生物多様性が存在する場合には，その土地は本来的に開発すべきではなく，保護区として指定し，開発行為を制限すべきであろう．代償措置は，そのように保護すべき土地以外において，その生態系の機能が量的に減少しないよう，そのノーネットロスを実現しようとするものである．

(3) 代償サイトにも固有の生物多様性があるのではないか？

第3には，代償措置の対象となる土地（代償サイト）においても固有の生物多様性がある．代償措置は，これを破壊するものであるため，ノーネットロスは実現できないのではないか，との批判がある．

代償サイトの選定においては，その土地の生物多様性の破壊につながらないようにする必要がある．実際のところ，欧米での代償措置の例としては，過去において自然を改変して開拓した農地を元の生態系に戻すものが多い．この結果，農地が減少し，自然の生態系の機能がネットで維持されることになる．

(4) 開発サイトと代償サイトの生物多様性は同じか？

第4には，開発サイトと，代償サイトの生物多様性の同等性を評価する方法はないのではないか，との批判がある．

既に述べたように米国では，HEPやWETなど多くの手法が既に確立し運用されているが，これは，生物多様性の状態を正確に測定するものではなく（そもそも正確に測定する方法は存在しない），ある指標を用いて便宜的に測定するものである．しかし，生物多様性の状態を正確に測定する方法が存在しないからといって，オフセットを実施しないとすると，開発によって生態系の機能は低下してしまう．現在用いられている評価手法は，現在の科学的知見を基に現実的に実施可能な評価方法として考案されたものである．この場合，種々のものがある中で特定の評価方法を恣意的に選定することは避けるべきであろう．このため，代償措置の検討における評価手法の選定では，地域住民やNGO/NPOなどのステークホルダーの合意を得られるようにすることが重要である．

(5) 代償は計画通りに行われるのか？

第5には，代償措置は，実際には計画通りに実施されない場合があるのではないか，との批判がある．

開発事業者が代償措置の実施を約束したとしても，代償サイトでの生物多様性の復元や保全には科学的な不確実さがあり，計画通り実現しない場合がありうる．このため，このような場合をあらかじめ想定し，代償サイトでは事後のモニタリングを行い，必要な是正措置を講じることを義務化すべきである．また，事業者がそのような是正を行わない場合には，当初の開発計画の許可を取り消すことができるような仕組みとすべきである．

上記の科学的な不確実さについては，あらかじめ湿地の復元等を行うミティゲーションバンクであれば，そのリスクは回避できる．しかし，既に述べたとおり米国では，開発業者がミティゲーションバンクからクレジットを購入した時点で，代償の法的義務が開発業者からバンク経営者に移転する．企業等が経営するミティゲーションバンクは，潜在的には倒産の可能性があるために，その代償となる土地が永久に保存される

保障がない．一方，ドイツの自然保護法では，代償がミティゲーションバンクの利用によって行われたとしても，その法的責任は開発事業者に残る．生物多様性の代償が確実に行われためには，ドイツの法制度のようにミティゲーションバンクを利用する場合でも代償の法的義務は開発事業者に残る制度とする必要があるであろう．

さらに，既存の代償サイトとして用いられている土地が，誤って他の新たな開発事業の代償サイトとしてダブルカウントされる可能性がある．このため，代償サイトに関する情報を集約化し，多重カウントとならないように第三者機関がチェックする仕組みを構築する必要がある．

(6) 代償はコストが大き過ぎる？

第6には，代償措置は，開発事業者が負うコストが大き過ぎるのではないか，という批判がある．また，開発サイト近隣に代償サイトを見出すことができない場合には，社会的に必要なプロジェクトが実施できなくなり，社会としての損失が生じるのではないか，との批判がある．

ノーネットロス政策において開発事業者が負うコストは，代償サイトで同種の生物多様性を回復・保存する費用である．この負担が事業者にとって大き過ぎるとして，軽減することは，開発事業者に補助金を交付することと同じであり，結果的には，開発による生物多様性の損失のコストを社会全体が負担することになる．

しかし，現実的には，適切な代償サイトが開発サイトの近隣では見つからない場合もある．このため，米国やドイツでも認められているように，開発サイトから距離が離れた場所（オフサイト）での代償や，金銭による代償も認めるべきであろう．

(7) オフサイトの代償では，ノーネットロスとは言えないのではないか？

第7には，開発サイトから離れた場所（オフサイト）で代償サイトが選定される場合には，開発事業が実施される地域の住民にとっての生物多様性の恩恵が減少するため，ノーネットロスとは言えないのではないか，との批判がある．

代償サイトの選定においては，地域住民の個別の利益にとらわれず，地域全体での生物多様性保全計画の中で，関連する住民の参加の下で，その優先順位を検討し，具体的な代償サイトの決定を行うべきであろう．

〈ノーネットロスを実現するための条件〉
　以上の批判とそれに対する考察を総括すると，生物多様性の保全が効果的に実現するために代償措置を実施する場合には，以下を行うことを条件とすべきであろう．
　・代償措置の計画・実施プロセスの透明化と地域住民や市民などのステークホルダーの参加の確保
　・代償措置の検討における評価手法の選定では，地域住民やNGO/NPOなどのステークホルダーの合意を得られるようにすること
　・代償措置が計画通りに実施されるための仕組みの確立（例えば，事業者が実施しない場合には，当初の開発許可を取り消すことができること）．
　・ミティゲーションバンクを利用する場合でも代償の法的義務は開発事業者に残るものとすること
　・代償サイトの情報を政府又は第三者機関が一元的に整理・管理する仕組みの構築
　・開発サイトから離れた場所（オフサイト）での代償や金銭による代償を認めること
　・代償サイトの選定においては，地域全体での生物多様性保全計画の中で，関連する住民の参加の下で，その優先順位を検討すること

VII 日本でのノーネットロス政策導入の課題

　既に述べたように，日本では多くの種で絶滅リスクが高まっているが，生物多様性を保全するための各種法律は十分ではなく，「地域・国土レベルでの生物多様性の維持・回復」（生物多様性国家戦略2010）という目標を実現できるようになっていない．
　その主な原因の一つは開発による生息地の減少であるが，生息地を開

発する事業の環境影響評価においては計画段階での戦略的環境アセスメントが法的に義務化していないため，回避，最小化が十分行われたかどうかを市民が十分チェックすることができない．また，回避，最小化が行われた後に残る影響は，代償が義務化されていないため，負の影響が生じ，生物多様性への大きな脅威となっている．

このような事態を根本的に変えていくためには，開発事業の計画段階での市民参加を保障するよう戦略的環境アセスメントを法的に義務化するとともに，生態系の機能の損失をネットでゼロとする（ノーネットロス）ことを目標として，適切な回避・最小化を前提とした代償を義務化することが必要であると考えられる．

ただし，代償が安易に行われることによって，生物多様性の価値が高く本来は開発すべきではない土地が開発されたり，又は，優先的に実施されるべき回避・最小化が行われなくなることは避けなければならず，戦略的環境アセスメントの法制化においては，特に開発計画の事前の情報開示と十分な市民参加を保障することが不可欠である．

また，日本において生息地の保護制度が脆弱である理由は，民有地では土地所有者の権利を尊重することが法的に定められていることが一因である．しかし，ノーネットロス政策は，土地所有者による生態系の開発を禁止するものではなく，その開発を認める条件として，（生物多様性という公益的機能を有する）同等の生態系の復元・創出・保存等によって代償することを求めるものであるため，土地所有者の権利を制限する度合が少ないため，社会的には受け入れが比較的容易であると考えられる．

また，見方を変えると，従来は，開発業者は，開発によって改変される生態系のもつ公益的な機能（外部経済）を損失させることに対し費用を支払わないために外部不経済が生じていたが，ノーネットロス政策は，開発事業者が，代替する生態系の機能を回復・創出・保全することにより，この外部不経済を「内部化」することであり，環境政策としては望ましいものであるといえる．また，別の視点から見ると，生物多様性へ悪影響を与える者がその損失に対して費用を支払うことであり，環境法

の基本原則の一つである「汚染者負担の原則」から見ても，社会的に受け入れが容易な概念であろう．

　以下では，ノーネットロス政策とミティゲーションバンクの日本への導入の可能性について主として法的側面から検討する．

1　ノーネットロス政策導入の法的課題

〈生物多様性基本法との関係〉

　2008年に成立した生物多様性基本法は，生物の多様性の保全及び持続可能な利用が目的であり（1条），この「持続可能な利用」とは，「生物の多様性の構成要素及び生物の多様性の恵沢の長期的な減少をもたらさない方法により生物の多様性の構成要素を利用すること」とされている（2条2項）．

　米国で導入されているような湿地のノーネットロス政策は，生物多様性の構成要素である湿地の減少をゼロとすることを目標としていることから，上記の基本法の目的を実現する一つの有効な手段となる可能性がある．

　しかし，基本法では具体的な規制を導入する条項を盛り込むことはないため，個別法での導入可能性を検討する必要がある．

〈ラムサール条約との関係〉

　日本はラムサール条約を批准しており，既に37の湿地（131,027ha）が条約湿地として登録されている．

　ラムサール条約では，「締約国は，登録簿に掲げられている湿地の区域を緊急な国家的利益のために廃止し又は縮小する場合には，できる限り湿地資源の喪失を補うべきであり，特に，同一の又は他の地域において水鳥の従前の生息地に相当する生息地を維持するために，新たな自然保護区を創設すべきである．」（4条2項）とされており，代償ミティゲーションの実施によるノーネットロスの考え方が採用されている．さらに，条約では「締約国は，登録簿に掲げられている湿地の保全を促進し及びその領域内の湿地をできる限り適正に利用（wise use）することを促進するため，計画を作成し，実施する．」（3条1項）とあるように，登録湿地以外も賢明な利用（wise use）が求められている．なお，ラムサール条約の締約国会議は「湿地の賢明な利

用は，持続可能な開発の範囲内において生態系アプローチを通じて達成される湿地の生態学的特徴の維持である」としている．したがって，ラムサール条約は，登録地以外でも代償ミティゲーションの実施によるノーネットロスを推奨しているといえる．

日本では，ラムサール条約を実施するための特別な法律は存在せず，個別の法律によって実施されている．具体的には，鳥獣保護法に基づく特別保護地区や自然公園法に基づく特別区域などで水面の埋立・干拓などの開発行為が禁止されている．

しかし，鳥獣保護法に基づく保護地区はその指定期間が20年以内とされていることから，永久に保護することが法的には担保されていない（現実には，期間を延長することで対応することは可能であるが，土地所有者が延長に反対した場合には法的には対抗できない）．

また，自然公園法に基づく特別地域以外の「普通地域」は開発行為が届出制であり，景観上の大きな影響がない限り，湿地の損失は許容される．このため，普通地域の湿地は，ラムサール条約の登録湿地とはしていない．

一方で，環境省が指定した重要湿地500の多くは法的には保護されておらず，保護すべき湿地の法的保護が十分行われていない．

2　日本での湿地のノーネットロス政策の導入の可能性

既に述べたように，ノーネットロス政策は，日本の生物多様性基本法の目的を実現する手段となりえるものであり，また，ラムサール条約の推奨事項でもあることから，まずは，現行法の下で実現可能かどうかを検討してみる．

日本では，最も広い面積の自然を法的に保護しているのは自然公園法である（539万 ha で国土の14％を占める）．同法の目的は，「優れた自然の風景地を保護するとともに，その利用を増進すること」（1条）であるが，2002年の改正で，「自然公園における生態系の多様性の確保その他の生物の多様性の確保を旨として，自然公園の風景の保護に関する施策を講ずるものとする」（3条2項）とされている．しかし，既述のように普通地域では開発行為が届出制であって，湿地の損失が許容されていることから，以下ではこの普通地域に焦点を当てて検討する．

自然公園内の普通地域では，「水面を埋め立て，又は干拓すること」

は届出対象となっており（法26条1項4号），環境大臣等は，「当該公園の風景を保護するために必要があると認めるときは，普通地域内において前項の規定により届出を要する行為をしようとする者又はした者に対して，その風景を保護するために必要な限度において，当該行為を禁止し，若しくは制限し，又は必要な措置を執るべき旨を命ずることができる」（26条2項）とされている．また，その処理基準としては，「国立公園普通地域における措置命令等に関する処理基準について（平成13年，環境省自然環境局長通知）」が定められている．その基準の中には，「埋立地又は干拓地において修景等が適切に行われる計画であること」が条件となっている．既述のとおり本法では風景の保護は生物多様性の確保を旨とすることから，この基準に「代償措置を講じることによってノーネットロスを実現する計画であること」を追加すればよいであろう．

　なお，自然公園法においては，財産権の尊重（4条）と損失補償（52条）が規定されている．ノーネットロス政策は，開発行為を禁止する（それによって開発者の権利を制約する）ものではなく，開発行為がもたらす生物多様性への影響の費用を当該開発者に支払わせるものであることから，財産権の尊重に反せず，損失補償も必要ではないと考えられる．

3　日本の状況に適応したノーネットロス政策の可能性

　既に述べたように，ノーネットロス政策は欧米諸国などにおいて既に導入されている．日本は様々な点で欧米諸国とは事情が異なっている．日本と欧米の違いの主な点としては，下記が指摘されている．
　① 欧米では，比較的規模が大きく単調な自然生態系を形成しているが，日本では多様な生態系がパッチワークのように混在している．
　② 欧米では，土地所有が比較的大規模な所有となっているが，日本での土地所有は小規模であり，入り組んでいる．

　上記①については，多様な生態系をきめ細かに定量的に評価する必要があるが，評価するための費用が過大とならないようにする必要がある．例えば，（財）日本生態系協会は米国で開発され導入されているHEP手法を基に，日本の自然環境に応じた評価手法（JHEP）を開発し，既に

第7章　生物多様性ノーネットロス政策の課題

その具体的な適用を開始している[79]．この手法は，大規模な開発事業や樹林の整備等から住宅の庭まで適用できる評価手法であるとしている．認証においては，ノーネットロスを実現していること，緑化に外来種を使用していないことなどが基準とされている．

また，上記②については，小規模な土地所有者でも参加できる仕組みを構築する必要があるであろう．例えば，米国では，希少種が生息する土地の所有者が，その土地の自然環境を永久に保全する（永久に開発しない）ことに合意する（保全地役権を設定する）ことによりクレジット[80]を生じさせ，これを他の土地を開発する者に販売することができる（絶滅危機種法に基づくコンサベーションバンク）．すなわち，土地所有者はその土地の生物多様性を保全することで，対価を受け取ることができる．しかし，日本にこれを導入しようとすると，多くの地主は土地の開発権を永久に手放すことに心理的な抵抗があると推測される．このため，日本においては，例えば，期限付きの保全でもクレジットが生じる仕組みとすることが考えられる．

また，日本においては，下記のことが生物多様性保全上の課題として指摘されており，ノーネットロス政策は，これらの問題解決に貢献するように制度設計することが考えられる．

(1) 里地里山の再生

現在の日本の里地里山は，間伐や農業などの人間活動が縮小することによって荒廃し，それまで里地里山に生息・生育してきた多くの動植物に絶滅のおそれが生じている．このような問題を解決するためには，持続可能な農林業の活性化，緩衝帯の整備，エコツアーやバイオマス利用，都市住民を含めた地域全体で支える仕組みつくりが必要とされている

---

(79) 第1号として，森ビルが計画している「虎ノ門・六本木地区第一種市街地再開発事業」に対しJHEPを適用し，認証した（2009年11月）．
(80) クレジットとは，ある土地の生物多様性を定量的に評価し，それを取引可能な単位であらわしたもの．米国の湿地のミティゲーションバンクでは，土地の生物多様性の質を考慮したエーカーで表示している（第7章Ⅵ(4)参照）．

(生物多様性国家戦略2010).

　しかし，このような対策は，現在行われているような市民・NGO/NPO，企業などの自主的な活動だけでは，限界がある．里地里山の保全活動を活性化させるためには，その活動に対し経済的なインセンティブを与えることが有効であろう．このための方法としては，①政府が補助することや，②ノーネットロス政策を導入し，里山里地保全をクレジットとして認めること，が考えられる．前者では，その財源として地域住民に新たに課税することも考えられる（例として，森林環境税がある）．後者については，ノーネットロス政策において里山里地保全をクレジットとして認め，このクレジットを緑地を開発する業者に対し販売可能とすることが考えられる．ただし，里地里山の環境は人為的な攪乱が継続的に行われることによって維持されるものであるため，そのクレジットをどのように承認するか，などの問題を解決する必要がある．

(2) 自然再生事業

　過去の開発によって失われた自然を再生する事業が自主的に行われているが，再生事業を行う資金が調達できなかったり，私有地の自然を保全しても何ら収入が得られない（開発によって将来得られる収入を諦められない）ために地主の了解が得られないなど，経済的な事情から進展が見られない地域がある[81]．

　このため，ノーネットロス政策を導入し，自然の再生によって生じる生物多様性の価値を定量評価し，これをクレジットとして認め，他の地域で自然を改変する事業者に販売することを可能とすれば，現在は停滞している自然再生事業が進展する可能性が出てくるであろう．

　ただし，自然再生推進法は，過去に破壊された自然の再生を目的としており，代償としての再生は対象としていない．このため，同法の下で

---

[81] 自然再生推進法に基づき，全国21箇所で自然再生協議会が設置されている（2009年4月現在）．しかし，例えば，埼玉県の「くぬぎ山地区自然再生協議会」では，平地の雑木林の再生・保全が目的であるが，雑木林の土地所有者が（開発によって得られる可能性がある）経済的利益の損失を嫌って保全に同意しないため計画が進んでいない．

設立される自然再生協議会が再生事業から生じるクレジットを承認し，これを販売できるように法律改正する必要があるであろう．

(3) 都市近郊の緑地の保全

都市近郊の緑地は，生物多様性や景観の保全の観点から重要である．しかし，そのような緑地は近年急速に減少している．その原因の一つが，農家が所有する雑木林や屋敷林などが，（田畑とは異なって）相続税の納税猶予の対象となっておらず，相続税を払うためにこれらの雑木林等を開発業者に売却せざるを得ないためといわれている．

このような雑木林等は農家にとっては緑肥を得るためのものであるが，周辺住民にとっては景観の維持にとって重要であり，野生動物の生息地として生物多様性の保全にも重要な役割を果たしている．すなわち，雑木林は公益的な価値があり，保護すべきであると考えられる．

このような雑木林などは，地方自治体が買い取って公園として管理することが望ましいが，多くの地方自治体は財政難であることからその実現は容易ではない[82]．

このため，農家が所有する雑木林等は（農地と同様に）相続税の延納を認めるよう税制の改正が必要であろう．また，農家が所有する雑木林等は，保全することによってクレジットを生じさせ，都市内の緑地を開発する開発業者に販売することを可能とすることが有効であると考えられる．

4　日本でのミティゲーションバンクの実現可能性

畠山（2009）は，日本では消失する湿地を補填する代替湿地を設置することが困難であり，湿地バンク制度を導入する可能性は少ないと指摘

---

[82] この案のほかにも，①都市内の樹木伐採を原則的に禁止し，伐採する場合には，それと同数の樹木を植えることを義務化する（ドイツのハノーファー市など）；②地方自治体が緑地を転換する場合には，代替地の緑地を再生・創出することを義務化する案もありえる（例えば，埼玉県志木市の「自然再生条例」）．しかし，これらは都市内の緑地保全には効果的であるが，都市近郊の雑木林等の保全には効果が小さいと考えられるため，本書では検討しないこととした．

Ⅶ　日本でのノーネットロス政策導入の課題

した．
　しかし，既に日本の各地で人工的に湿地を再生する例がいくつか見られる．これらの事例の多くでは湿地の再生のための工事費用の確保が課題となっていることから，仮に湿地のバンク制度が創設されれば，クレジットの販売収入が見込まれることとなり，湿地の再生は更に進むであろう．
　一方，公共事業などでの湿地を埋立てる場合に湿地バンクから十分なクレジットが提供されるかという問題はある．もし，それが困難な場合には，既に述べたとおり米国では負担金（in-lieu fee）制度を導入し，許可事業者は負担金を政府に支払うことで代償措置の義務を果たしたこととし，政府がその資金を使ってその管轄地域内で重要とされる湿地の再生・保全を行うことが行われている．
　また，ドイツの自然保護法は，国内のすべての自然の土地を改変する場合（ただし，政府が許認可権を有するものに限られる）は，その自然への影響を回避，最小化し，その後に残る影響は代替地の自然再生等による代償措置を講じることが義務化しているが，金銭的な代償を行うことも可能となっている．日本においても，米国やドイツのような制度の導入を検討することが必要であろう．
　以上のことから，日本におけるミティゲーションバンクの導入は実現可能であると考えられる．

5　日本での導入の検討の手順

　ノーネットロス政策は，欧米で考案された政策であり，日本では馴染みがない．このため，その日本での導入は，段階的に検討すべきであると考えられる．以下では3年計画での導入を提案する．
　まずは，第1段階として下記を実施することが考えられる．
① 政府内にノーネットロス政策に関する研究会を設置する（1年目）．国内外の事例を調査し[83]，それを踏まえてノーネットロス政策のフィージビリティを調査する．また，生物多様性オフ

---

(83) 国内の事例では，横浜市上郷開発事業（仮称）における環境影響評価においてノーネットロスが検討された（田中・大澤）．また，日本生態系協会が虎ノ

第7章 生物多様性ノーネットロス政策の課題

セットの，生物多様性政策における位置づけと，他の関連政策（例えば，里地里山の保全，自然再生，都市近郊の緑地の保全）との関係を整理する．

② ノーネットロスを実現するための生物多様性オフセットのモデル事業を国内で実施する（2年目は関係者間のオフセット計画に関する合意形成，3年目以降は事業の実施とモニタリングを行う）．

③ モデル事業の合意形成の実績評価を踏まえて，日本に適したノーネットロス政策（新法の制定の可能性[84]を含む）を検討する（3年目）．なお，生物多様性オフセットが開発の口実とならないよう，生物多様性オフセットを許可する際の具体的な条件（情報開示，市民参加など）を十分検討する．また，ノーネットロスの評価方法については，モデル事業のモニタリングを長期（5年以上）にわたって実施する中で，その実績を踏まえて検討し，見直すこととする．

④ ノーネットロス政策を実施するための方策の一つである生物多様性バンク制度は，その有効性を十分検討し，生物多様性のノーネットロスが確実に実現する制度の可能性を検討する（3年目）．

第2段階としては，上記の検討を踏まえ，ノーネットロス政策を実施するための新たな法律を制定する（4年目）．

上記を図に示すと以下のようになる．

門・六本木地区第一種市街地再開発事業に対しJHEP認証を行った（既述）．
(84) 環境影響評価法を改正することも考えられるが，対象が大規模事業に限定されていること，本来はアセスメント手続きを定めるものであり，達成すべき環境の目標（この場合は，生物多様性のノーネットロス）を規定することは法の趣旨からして想定されない，という問題点がある．

Ⅶ　日本でのノーネットロス政策導入の課題

表7-4：日本での導入の検討の手順

	1年目	2年目	3年目	4年目以降
研究会	フィージビリティの調査	評価方法の検討・ガイドラインの検討	評価方法の検討・ガイドラインの検討	フォローアップ
モデル事業	企画	関係者の合意形成	事業の開始・モニタリング	事業のモニタリング
法律制定	外国法の調査	新法の検討	新法の検討	新法の法制化

（出所）筆者（宮崎）作成

6　戦略的環境アセスメント

　ノーネットロス政策における代償措置は，その実施が，本来は望ましくない開発事業を実施する口実とならないよう，まずは回避，最小化が優先されなければならない．そのためには，計画当初において，事前の情報公開と住民・市民等の参加を得て複数案（代替案）を検討することが不可欠である．これを実現する方法としては，戦略的環境アセスメントの導入が有効である．

　既に，環境基本法19条では環境配慮義務に基づく政策アセスメント的なものを規定したものと考えられている（大塚）．また，生物多様性基本法25条では，事業の計画段階からのアセスメントを行うことを求めている．

　既に第6章Ⅲ4で述べたように，戦略的環境アセスメントは，現状のような行政機関のガイドラインではなく，市民参加を保障することなどを含め，法制化する必要があるであろう．

7　まとめ

　既に米国やEU，ドイツなど多数の国で導入されているノーネットロス政策は，日本における生物多様性保全のために有効な手段であると考えられるため，今後はその導入のための検討を行うべきであろう．その場合，日本での生物多様性保全の課題となっている里地里山，自然再生，都市近郊の緑の保全に対し経済的インセンティブが生じるような制度設

第7章　生物多様性ノーネットロス政策の課題

計を検討することが重要である．

　また，ノーネットロスを達成するための経済的手法である生物多様性バンク制度は，米国の事例にあるように，バンク設立後の長期の維持管理が大きな課題である．日本においてバンク制度を導入する場合には，米国の事例を十分踏まえた制度設計を検討すべきである．また，米国やドイツのように，負担金の支払いによって代償することも検討するべきであろう．

第8章 今後の生物多様性保全の課題

　本章では，これまでの分析や考察を踏まえ，今後日本が国内外の生物多様性保全にどのように取り組んでいけばよいか，政府，企業，市民・NGO/NPOがどのように協働すべきかについての筆者の考え方を要約して述べる．

I　日本国内の生物多様性保全

　日本では，本書で繰り返し述べたように，多くの野生生物が絶滅の危機に直面している．環境省レッドリストに掲げられた種は3,155種となっているが，種の保存法で法的に保護されているのはわずか81種であるように，日本における野生生物の保護は遅れている．現在のような取組みを抜本的に転換しないと，日本では今後日本固有の野生生物が次々と絶滅する事態が起きることは確実であろう．そのような事態を避けるために以下に述べるような実施可能な政策について検討するべきであろう．

1　国内自然保護制度の改善

(1)　ノーネットロス政策の導入

　日本では，自然を開発する事業は，生物多様性への影響を回避，最小化，代償することとなっているが，代償が義務化していないため，ネットでの損失が生じている．

　このような損失が日本国中で起きており，その結果，野生生物の生息地は分断・減少・劣化しており，これらの生物の絶滅リスクを高めている．

第 8 章　今後の生物多様性保全の課題

　絶滅のおそれがある種の絶滅リスクをこれ以上高めないためには，生息地の保護が不可欠であることから，開発による生物多様性への影響は，回避，最小化し，その後に残る影響は代償を義務化することによって，ネットでの損失をゼロとすること（ノーネットロス）を目指すべきであろう．

　しかし，現状のように開発事業の計画段階からの戦略的環境アセスメントが行われていないと，代償を実施することを口実に，生物多様性の価値が高い地域の開発がされる可能性も懸念される．このようなことが起きないよう，まずは回避，最小化の優先を確実に実施する必要があり，その検討における情報公開と住民・市民等の参加が不可欠であり，これを法的に確実に実現するためには，戦略的環境アセスメントを法的に義務化するべきである[85]．

　また，ノーネットロス政策は欧米で考案され，導入されてきたものであるため，これを日本へ導入するためには，国内外での生物多様性オフセットの事例を踏まえて，日本で導入する場合の問題点を明らかにし，日本の実情に合った制度を設計する必要があろう．また，生物多様性オフセットの実務的な問題点を検討するためには，日本国内でモデル事業を実施することが有効であると考えられる．政府がリーダーシップを取り，生物多様性オフセットの専門知識を有する研究者や企業と協働し，このようなモデル事業を実施し，有効な制度設計の検討を行うことが強く期待される．

　その際には，自然保護運動を進めているNGO/NPOの多くは，ノーネットロス政策が開発の口実となることに懸念をいだいていることから，NGO/NPOもモデル事業に参加し，その透明で，ステークホルダーが参加することができるルール作りを目指すべきであろう．

---

(85) 現在環境省が定めている戦略的環境アセスメントの対象である事業・規模の選定に係るアセスメントは，諸外国では事業アセスの中で実施していることから，現行の環境影響評価法を改正し，この中で戦略的環境アセスメントを義務化するべきとの指摘がある．

(2) 既存法の改正

生物多様性保全に関する既存の法律は，時代の要請に合っていないことから，下記のとおり改正を検討すべきである．

① 種の保存法：

環境省レッドリストに掲載されている絶滅のおそれがある種のすべてを法的保護の対象とすることを基本として，レッドリスト掲載種を「国内希少野生動植物種」に指定する手続きを法定化する．また，絶滅のおそれがある種が生息している地域や稀少な自然が残っている地域は，可能な限り，「生息地等保護区」に指定する．さらに，現在は行政による裁量に委ねられている「国内希少野生動植物種」と「生息地等保護区」の指定は，市民がその提案を行うことを可能とし，その指定の意思決定プロセスが透明な手続きの中で行われることを法的に担保する．また，希少種や地域個体群を保全するための「市民訴訟権」を認めるとともに，行政からの「訴訟金補助制度」の創設を検討する．

② 自然公園法（運用の変更）：

自然公園での本来はバッファーゾーンとしての機能を果たすべき普通地域において，現在のような緩い届出制を改め，ノーネットロス政策の導入を検討する．例えば，普通地域で届出対象となっている水面の埋め立て又は干拓は，その条件として「代償措置を講じることによってノーネットロスを実現する計画であること」を追加する．

③ 鳥獣保護法：

ラムサール条約の登録湿地を保護するためにも用いられている鳥獣保護区の制度は，指定区域を永久に保全することを法的に担保するため，現行法の指定期間の上限（現行，20年）を撤廃する．

④ 税制改正（相続税）：

都市近郊の緑地を保護するため，農家が所有する雑木林等は（農地と同様に）相続税の延納を認めるよう税制を改正する．

2 企業の自主的取り組み

本書で述べたように，生物多様性の保全のためには，政府や市民の取組だけでなく，企業の自主的な取組が極めて重要である．

企業が行う生物多様性保全活動は，この分野での活動を進めているNGO/NPO（特に地域の生物多様性保全に専門的に取り組んでいる団体）との協働で行うことが効果的であり，かつ企業の取組の透明性を高めるうえでも重要である．

企業が環境マネジメントの中で生物多様性への取組を自主的に進めるためには，生物多様性に関する活動を定量的に評価するための手法と評価基準が必要である．FoE Japanが提案している評価基準は，このために参考になると考えられる．

この評価基準は，このように企業の自己評価のために有効であるだけでなく，企業がNGO/NPOと対話する場合の共通の基盤としても利用できる．これによって，今後，企業とNGO/NPOとの協働が進展することを期待したい．

企業の自主的な取り組みを一層活発化するためには，市場でのインセンティブが出るような制度を導入することが有効である．例えば，森林環境税や水源税といわれる税制は，森林保全活動をボランティアに依存するのではなく，ビジネスとして成立するための基本的条件を整えるものであり，さらに推進すべきであろう．

また，本書で提案した生物多様性のノーネットロス政策も，自然を再生する事業がビジネスとして成立する基盤となるものである．

政府は，このような市場でのインセンティブが生まれるような制度を積極的に検討し，導入を進めるべきである．

市民もまた，生物多様性保全に積極的に貢献する企業を評価し，購買活動や株式投資を通じ，優良な取り組みを進める企業を応援することが望まれる．ただし，市民一人ひとりが企業の評価を行うことは現実的には困難であるため，NGO/NPOが企業評価を行い，その結果を広く市民へ周知していく活動を行うことが重要であろう．

3 市民参加

人類公共の財産である生物多様性に関する政策は，市民やNGO/NPOが果たす役割は大きく，重要ステークホルダーとして，政府の政策形成における意思決定に参加する権利も当然持っているが，現実には

認められていない．

このため，環境に影響を与える政策や開発事業の企画段階から，市民の公正な参加を確保することが必要であり，このための情報開示と市民参加を制度的に保障することが不可欠である．

以上のことから，政府は，市民・NGO/NPO が政策立案の段階から意思決定プロセスへ参加できるよう，下記の措置を講じる必要があるであろう（詳細は第 5 章Ⅲを参照）．

① 政府の情報提供・開示（国民への啓発を含む）
② 市民が意思決定に参加できる場（委員会など）の設定．
③ 政策立案への市民参加手続きの法定化．
④ 市民団体による裁判出訴権について検討する．

また，NGO/NPO は，市民の参加を促進するために，一般市民に対して啓蒙活動を広く行うことが期待される．

Ⅱ 海外における生物多様性保全

日本政府及び企業は，海外での開発や投融資活動や海外からの資源の購入活動を通じて，海外の生物多様性に対し負の影響を与えていることから，以下のような取組みを行うべきである．

1 開発者としての貢献

日本政府や企業が，開発途上国において資源開発などに直接投資又は融資を行う場合には，国際的に認められたガイドラインに沿って，事前に現地の生物多様性やコミュニティへの影響を把握し，それらへ適切に配慮することが不可欠である．特に，生物多様性と現地コミュニティへの影響は，ネットでの損失がゼロとなるよう，優先順として，回避，最小化し，その後に残る残余の影響については代償すべきである．

しかし，この代償の検討においては，生物多様性の価値が高い地域の開発の抜け道とならないよう，先住民族や地域コミュニティなどのステークホルダーの事前の情報提供による公正な参加の確保が必要不可欠である．

特に，日本の ODA 予算が使われる海外の事業においては，国際協力機構（Japan International Cooperation Agency；JICA）の新環境社会配慮ガイドラインの運用の中で，上記の点が確実にチェックされるべきである．

なお，生物多様性オフセットを途上国において実施することには様々なリスクが存在する．例えば，政府のガバナンスの弱さから，法律に基づく保護区の指定を解除して開発を許可する可能性がある．このため，各国の生物多様性国家戦略での位置づけを明確化し，戦略的アセスメントの実施や土地利用計画の策定などの政策との関連を考慮しながら，その実施をチェックできるような仕組みが必要となる．このためには，日本は，開発途上国に対し必要な能力構築（capacity building）のための財政的・技術的支援を行うべきである．

2 資源の購入者としての貢献

日本は，農林水産物，鉱物・エネルギー資源などの多くの資源を海外に依存しており，これらの資源の購入を通じて，原産国（特に開発途上国）の生物多様性や現地社会に大きな影響を与えている．したがって，日本は，できる限り，生物多様性などに配慮した資源を優先的に購入することによって，海外における生物多様性保全に貢献すべきである．

具体的には下記を実施すべきであろう．

(1) 政府は，公共調達において生物多様性に配慮したグリーン購入を推進する．また，公共調達において生物多様性に配慮したものかどうかを判断する基準を明らかにし，その対象は，生物資源のみならず，鉱物・エネルギー資源も含める．なお，このことは，日本国内の資源調達にも当てはまるので，国内資源の調達についても同時に検討し，適用する．

(2) 政府又は企業が，海外から資源を調達する場合，原産国において合法かつ生物多様性や現地コミュニティに配慮した持続可能な原材料の購入を容易にするため，原材料の原産国表示を義務化する．また，政府と企業の購入者としての努力を促すため，持続可能な原材料の購入実績の報告（及び公表）を義務化する．

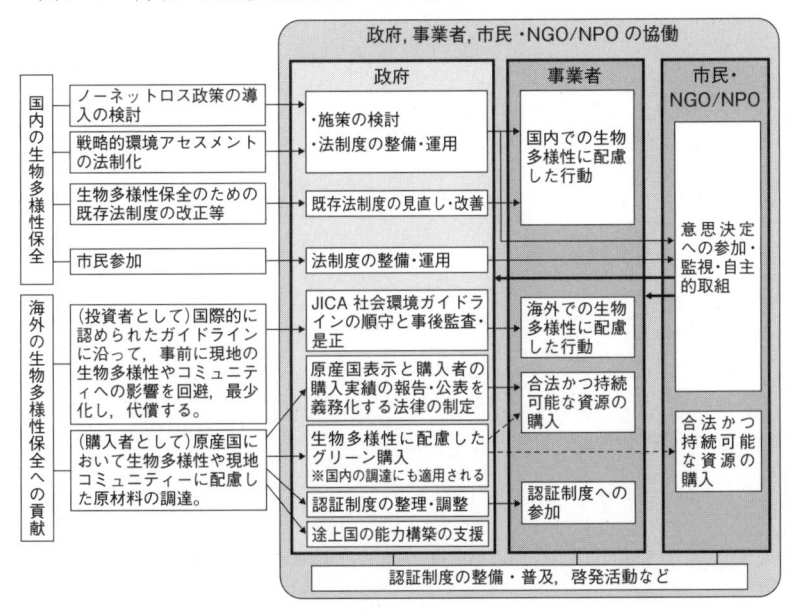

図8-1：今後の生物多様性保全の主な課題

	政府, 事業者, 市民・NGO/NPO の協働		
	政府	事業者	市民・NGO/NPO
国内の生物多様性保全	ノーネットロス政策の導入の検討 → ・施策の検討 ・法制度の整備・運用	国内での生物多様性に配慮した行動	意思決定への参加・監視・自主的取組
	戦略的環境アセスメントの法制化 →		
	生物多様性保全のための既存法制度の改正等 → 既存法制度の見直し・改善		
	市民参加 → 法制度の整備・運用		
海外の生物多様性保全への貢献	（投資者として）国際的に認められたガイドラインに沿って、事前に現地の生物多様性やコミュニティへの影響を回避, 最少化し、代償する。 → JICA社会環境ガイドラインの順守と事後監査・是正	海外での生物多様性に配慮した行動	
	→ 原産国表示と購入者の購入実績の報告・公表を義務化する法律の制定	合法かつ持続可能な資源の購入	合法かつ持続可能な資源の購入
	（購入者として）原産国において生物多様性や現地コミュニティーに配慮した原材料の調達。 → 生物多様性に配慮したグリーン購入 ※国内の調達にも適用される		
	→ 認証制度の整理・調整	認証制度への参加	
	→ 途上国の能力構築の支援		
	認証制度の整備・普及, 啓発活動など		

(3) 政府は，各国政府に働きかけ，各国政府又は公的機関が，NGO/NPOや研究機関の協力を得て，様々な認証制度を整理し，信頼性のある認証制度を調整するようにする．

(4) 政府は，原産国において地域社会の社会経済状況まで考慮に入れた，生物多様性に配慮した持続可能な管理を実施するための能力構築に対し支援を拡大する．

以上の今後の生物多様性保全の課題を政府，企業（事業者），市民・NGO/NPOがいかに協働して対処するかについてのイメージを一つの図に表すと図8-1の通りである．

おわりに

　本書では，世界的に加速的に損失が進んでいる生物多様性をいかに保全するかについて，世界の主要企業やNGO/NPOの取組の現状や欧米などの政策を基に検討し，日本において企業，市民，政府のそれぞれがどのような役割を果たし，また今後互いにどのように協働すべきかについて論じた．

　いうまでもなく，世界的な生物多様性の損失の根本原因は，人間の経済活動が地球の許容力を上回っていることである．現在進行している地球温暖化もまた，生物多様性へ大きな影響を与えることが予想される．さらに，例えば，温暖化対策のためのバイオ燃料の開発は，ある地域では森林破壊の原因となっており，生物多様性保全政策との調整が必要となっている．

　このように複雑で，相互に多くのことが関連している生物多様性の問題は，政府，企業，市民がバラバラで対立しあっていては，とうてい解決することができない．互いに理解しあい，協働していくことが絶対に必要である．

　2010年10月に名古屋で開催される生物多様性条約の第10回締約国会議（COP10）での主要議題の一つが，ポスト2010年の戦略目標である．目標年次としては2020年，2050年が議論される予定である．この議論の中では，現在進行している生物多様性の損失をいつまでにゼロとすることを目標とするのか，それを実現するために何をすべきかがポイントになると思われる．

　しかし，実効性のある政策は，生物多様性の損失の根本原因である世界の人口増加や経済活動の拡大をコントロールするものでなければならないであろう．

　このような新たな生物多様性保全政策は，いままでの政策の延長線上では不十分である．生態系に直接的に影響を与えている経済活動自体に制約を設ける以外には道はないと思われる．

おわりに

　本書では，人間の経済活動自体に一つの制約を設けるための手段として，米，EU，オーストラリア等で既に導入されているノーネットロス政策に注目した．これは，開発行為により影響を回避，最小化する努力の後に残る影響を代償することにより，ネットでゼロとすることを目指しているものである．これが，現実に実施できるのであれば，生物多様性の損失をゼロとする目標を達成するために貢献する政策であると言えよう．また，ノーネットロス政策では，経済的インセンティブを付与するために生物多様性バンキング制度を導入すれば，市場メカニズムを活用し，生物多様性の回復や保全に経済的インセンティブを与えるだけでなく，企業の自主的な取り組みを促進する制度になるであろう．ただし，代償措置（生物多様性オフセット）の採用が開発の口実とならないよう，透明で公正なルールの下で，開発プロジェクトが環境へ与える影響を回避，最小化する努力が適正に行われるよう，戦略的環境アセスメントの法的な義務化とその意思決定プロセスへの市民や地域住民の参加が不可欠であろう．

　上記のような条件を満たすことを前提として，多くの絶滅危惧種が存在する日本においてもノーネットロス政策を早期に導入することを検討すべきであろう．

　ノーネットロス制度は，日本を含め先進国だけでなく，将来は，開発途上国においても有効な政策として，世界的に導入が図られるべきものであると考えられる．すでに，BBOPが生物多様性オフセットのガイドラインとパイロットプロジェクトを実施しており，今後はその実績を踏まえて，世界各国へ政策転換を提案するものと思われる．

　しかし，開発途上国においては，生物多様性オフセッを実施する場合には，開発の口実として用いられるリスクは無視できない．これが起きないよう，開発途上国において開発事業が与える影響を回避，最小化することが適切に実施された上でオフセットが検討される制度設計とその実現を保障する政府の能力構築が不可欠である．そのためには，日本を含めた先進国が開発途上国に対し必要な技術・資金支援を行うことが必要である．

　このような世界的な流れの中で，日本も早期にノーネットロス政策を

おわりに

導入することを検討し，これを法制化し，実施し，その経験を踏まえて，開発途上国へ技術支援できるようになることを強く期待したい．

謝　辞

　本書は，筆者両名の個人的な研究成果を基に，FoE Japan 客員研究員として参加・運営した下記の 2 つの研究会の議論を加えて，再構成したものである．

　一つは，FoE Japan が主催した「企業の生物多様性に関する活動の評価基準作成に関するフィージビリティー調査」(2008年度環境省請負調査) の検討委員会 (委員長：上田恵介立教大学教授) である (本書では第 4 章がこれに相当する)．

　もう一つは，FoE Japan と地球環境パートナーシッププラザ (GEIC) が主催した「生物多様性保全に関する政策研究会」(代表：筆者である宮崎) である (この研究会による議論をまとめた「生物多様性保全に関する政策提言」は本書の出版時には FoE Japan のホームページにアップされているはずである)．

　以上の二つの委員会に参加していただいた下記の各氏からは本書のテーマに関し貴重なコメントをいただいた．ここに，深く感謝申し上げる．ただし，本書の記述の責任は当然のことながら著者 2 名にある．

　足立直樹，市田則孝，上田恵介，大沼あゆみ，岡本享二，亀井一行，河野磨美子，岸和幸，木戸一成，坂本有希，佐藤健一，志村智子，鈴木勝男，関健志，田中章，谷口正次，代島裕世，泊みゆき，永石文明，橋本務太，畠山武道，林希一郎，服部徹，日比保史，松田裕之，森本言也，山田順之，吉村英子．(敬称略，五十音順)

　最後に，著者の宮崎は，本書のベースとなった研究のために，科研費補助金基盤(c) (20530357) 及び跡見学園特別研究助成費 (2008, 2009年度) の助成を受けた．ここに記して御礼申し上げる．

［初出一覧］

本書は，下記の既出の論文を大幅に加筆訂正したものである．

1．宮崎正浩（2007）「生物多様性に対する企業の社会的責任（CSR）——欧米企業との比較による日本企業の取組の現状と課題」，サステイナブルマネジメント第6巻2号，pp.3-15，環境経営学会【第3章Ⅳ】
2．FoE Japan（2009）「平成20年度環境省請負調査　企業の生物多様性に関する活動の評価基準作成に関するフィージビリティ調査」，国際環境NGO FoE Japan【第3章Ⅱ，第4章，第5章】
3．宮崎正浩・籾井まり（2009）「企業の生物多様性に関する活動の評価基準——市民の視点からの提案」，環境アセスメント学会誌第7巻第2号，pp.15-20【第4章】
4．宮崎正浩（2009）「CSRとしての生物多様性保全活動の評価基準——鉱業を事例とした考察」，サステイナブルマネジメント第8巻第2号，pp.21-34，環境経営学会【第7章Ⅱ-2】
5．宮崎正浩・籾井まり（2009）「生物多様性に対する企業の社会的責任——環境の持続可能性の視点からの考察」，跡見学園女子大学マネジメント学部紀要第8号，pp.147-163【第2章，第3章Ⅴ】
6．宮崎正浩・籾井まり（2009）「米国における生物多様性バンク制度の現状と課題」，環境法政策学会誌（印刷中）【第7章Ⅲ，Ⅴ】
7．宮崎正浩（2010）「生物多様性のノーネットロス政策——日本における導入の実現性に関する考察」，跡見学園女子大学マネジメント学部紀要第9号，pp.65-83【第7章Ⅵ・Ⅶ】

【索 引】

あ 行

ING グループ……………………………66
アジェンダ21………………………………28
アーチャー・ダニエルズ・ミッドランド…………………………………………57
アングロ・アメリカン………………………53
ウォール・マート（Wal-Mart Stores）
 ……………………………………63, 96
ヴァーレ………………………………………51
HSBC…………………………………………67
エクソン・モービル…………………………54
エクストラータ………………………………52
FLEGT………………………………………137
LG……………………………………………62

か 行

開発途上国における森林減少・劣化
 からの排出削減（REDD）……………8, 9
海洋管理協議会（MSC）………………106, 138
環境影響評価法……………………………132
環境基本法……………………40, 115, 116
環境経営学会…………………………43, 44
環境報告ガイドライン………………………41
気候・地域社会・生物多様性同盟
 （CCBA）…………………………………38
気候変動政府間パネル（IPCC）……………8
グリーン開発メカニズム（GDM）………177
グリーン購入……………………………210
グリーン購入法……………………………137
グリーンピース……………………………113
経済団体連合会……………………………43
国際金属・鉱業評議会（ICMM）
 ……………………………48, 107, 135, 147
国際金融公社（IFC）………………31, 32
国際自然保護連合（IUCN）……………5, 19
国連グローバルコンパクト（GC）………29
国連責任投資原則（UNPRI）………………66
コンサベーション・インターナショナル（CI）…………………………112, 126
コンサベーションバンク……………168, 182

さ 行

サステイナブル経営格付……………43, 69
里地里山……………………………………199
サプライチェーン…………………………100
サムスン電子………………………………62
シアーズ・ホールディングズ……………66
GRI ガイドライン…………………………30
CCB 基準……………………………………39
ジェネラル・モーターズ……………………60
シェブロン…………………………………55
持続可能なパーム油のための円卓会
 議（RSPO）……………………………138
自然公園法……………………131, 196, 207
自然再生推進法……………………………200
持続可能な発展……………………………89
シーメンス…………………………………61
種の保存法…………………………128, 207
順応的管理…………………………………91
生態系サービスに対する支払い（PES）
 ……………………………………………176
生態系と生物多様性の経済学（TEEB）
 ……………………………………7, 174
生物資源……………………………………93
生物多様性基本法………………40, 91, 116,
 121, 127, 187
生物多様性国家戦略2010……………21, 121
生物多様性バンク…………………………178
生物多様性民間参画ガイドライン………41
赤道原則……………………………………31
先住民族……………………………92, 100
戦略的環境アセスメント………117, 133,
 203, 207

索　引

た　行

ダイムラー……………………………61
ターゲット……………………………65
多国籍企業行動指針…………………28
WWF…………………………………111
地球規模生物多様性概況第2版（GBO 2）……………………………………17
鳥獣保護法……………………196, 207
デクシア・グループ…………………66
トタル…………………………………56
トヨタ…………………………………59

な　行

ナトゥラ2000……………………164, 170
ネイチャー・コンサーバンシー（TNC）………………………………111
ネッスル………………………………57
ノーネットロス政策…………………141

は　行

パナソニック…………………………63
ハビタット評価手続き（HEP）…159, 160
バンコ・サンタンデール……………68
BHPビリトン…………………………49
BNPパリバ……………………………68
BP………………………………………55
ビジネスと生物多様性イニシアティブ（B&B）……………………………37
ビジネスと生物多様性オフセットプログラム（BBOP）………24, 37, 144, 188

日立……………………………………62
フォード・モーター…………………61
フォルクスワーゲン…………………60
ブリストル・マイヤーズ・スクイブ…………………………………………96
ブンジ…………………………………59
ペプシコ………………………………59
保全地役権……………………………168
ホーム・デポ…………………………64

ま　行

ミティゲーションバンク………156, 165, 178, 201
ミレニアム生態系評価（MA）……6, 21, 23, 174

や　行

野生生物保全協会（WCS）…………112
UNEP金融イニシアティブ（UNEP FI）……………………………………34
ユニリバー……………………………58
予防的アプローチ……………………90

ら　行

ラムサール条約…………………165, 195
リオ・ティント……………50, 96, 151
リーダーシップ宣言……………37, 38, 46
レーシー法……………………………137
ロイヤル・ダッチ・シェル…………53
ロウズ…………………………………65

〈著者略歴〉

宮崎 正浩（みやざき・まさひろ）

（執筆：第2章，第3章Ⅰ〜Ⅳ，第4章Ⅱ〜Ⅳ，第6章，第7章Ⅰ・Ⅱ，Ⅳ〜Ⅶ，第8章）
1977年3月東京大学工学部卒．同年4月通商産業省（現，経済産業省）入省．2006年3月東北大学大学院工学研究科博士課程修了，博士（工学）．2006年4月跡見学園女子大学マネジメント学部教授（現在に至る）．現在，FoE Japan 客員研究員，生物多様性保全に関する政策研究会代表／〔専攻〕環境政策（CSRと生物多様性保全）／〔所属学会〕環境経営学会（理事），21世紀社会デザイン研究学会（理事）など

籾井 まり（もみい・まり）

（執筆：第1章，第3章Ⅴ，第4章Ⅰ，第5章，第7章Ⅲ）
1997年イギリス University of Kent at Canterbury 環境法学修士課程修了，2003年同大学環境法学博士課程修了，博士（環境法学）．国際環境 NGO Natural Resources Defense Council サンフランシスコ支部の調査研究員，国際環境 NGO International Fund for Animal Welfare 本部のアドバイザーなどを経て，現在，ディープグリーンコンサルティング代表として環境コンサルティングを行う．立教大学，跡見学園女子大学非常勤講師．この他，FoE Japan 客員研究員，財団法人地球・人間環境フォーラムプロジェクト研究員，生物多様性保全に関する政策研究会委員．

理論と実際シリーズ
0006
環境政策・環境法

❀❀❀

生物多様性とCSR
──企業・市民・政府の協働を考える──

2010（平成22）年5月1日　第1版第1刷発行
5836-3：P248　￥3800E-015：010-005

著　者　宮崎正浩　籾井まり
発行者　今井　貴　渡辺左近
発行所　株式会社　信山社

〒113-0033　東京都文京区本郷6-2-9-102
Tel 03-3818-1019　Fax 03-3818-0344
info@shinzansha.co.jp
笠間来栖支局　〒309-1625　茨城県笠間市来栖2345-1
Tel 0296-71-0215　Fax 0296-72-5410
出版契約 2010-5836-3-01010　Printed in Japan

Ⓒ宮崎正浩・籾井まり，2010　印刷・製本／松澤印刷・渋谷文泉閣
ISBN978-4-7972-5836-3 C3332　分類323.916-a006 環境政策・環境法
5836-0101：015-010-005《禁無断複写》

「理論と実際シリーズ」刊行にあたって

　いまやインターネット界も第二世代である「web2.0」時代を向かえ、日本にも史上類をみないグローバリゼーションの波が押しよせています。その波は、予想を超えて大きく、とてつもないスピードで私たちの生活に変容をもたらし、既存の価値観、社会構造は、否応もなくリハーモナイズを迫られています。法、司法制度もその例外ではなく、既存の理論・判例や対象とする実態の把握について、再検討を要しているように思われます。

　そこで、わたしたちは、現在の「理論」の到達点から「実際」の問題、「実際」の問題点から「理論」を、インタラクティブな視座にたって再検討することで、今日の社会が回答を求めている問題を検討し、それらに対応する概念や理論を整理しながら、より時代に相応しく理論と実務を架橋できるよう、本シリーズを企図致しました。

　近年、社会の変化とともに実にさまざまな新しい問題が現出し、それに伴って、先例理論をくつがえす判決や大改正となる立法も数多く見られ、加えて、肯定、否定問わず理論的な検討がなされています。今こそその貴重な蓄積を、更に大きな学問的・学際的議論に昇華させ、法律実務にも最大限活用するために巨視的な視座に立ち戻って、総合的・体系的な検討が必要とされるように思います。

　本シリーズが、集積されてきた多くの研究と実務の経験を考察し、新しい視軸から時代がもとめる問題に適格に応えるため、理論的・実践的な解決の道筋をつける一助になることを願っています。

　混迷の時代から順風の新時代へ、よき道標となることができれば幸いです。

2008年12月15日　　　　　　　　　　　　　　信山社　編集部

EU環境法と企業責任

河村寛治 編／三浦哲男 編

2004.4 刊行 ／ ¥3,570（本体：¥3,400）

重要性を増す環境問題について、新たな試みで世界のリーダー役をつとめるEU環境法について紹介するとともに、企業活動の現実を踏まえて検討する際の有益な示唆を与える。

環境を守る最新知識
【第2版】

日本生態系協会 編

2006.6 刊行 ／ ¥2,100（税込：¥2,205）

環境問題の大きな原因はモノを大量に消費する現代の経済の仕組みにあり、これが自然生態系を破壊し続ける流れを作っている。自然生態系の現況、自然生態系に関する法律など、環境問題をやさしく解説する。

――― 信山社 ―――

環境政策論【第2版】
―環境政策の歴史及び原則と手法

倉阪 秀史 著

2008.5刊行 /¥3,570（本体：¥3,400）

環境政策の歴史を概観し、環境基本法、環境政策の諸手法を解説。個別の政策分野ごとのレビューも掲載する。京都議定書などに対応し、「２０００年代の環境政策」等を追加した第２版。

不確実性の法的制御
―ドイツ環境行政法からの考察

戸部 真澄 著

2009.5刊行 /¥9,240（本体：¥8,800）

不確実性を孕む現象を法的に制御する場合、法はいかなる限界に直面するのか。また、それを克服し、有効に制御するために必要な法的仕組みとはなにか。ドイツ環境行政法を素材に、行政法（公法）全体の基礎理論を検討する。

―― 信山社 ――